改訂版を発行するにあたって

令和3年1月に「全員が発言する座談会が未来の地域（集落）をつくる　～人・農地プランの実質化のための座談会『理論編』～」が発行されました。今回、「人・農地プラン」が「地域計画」にバージョンアップするにともない、「人・農地プラン」という視点で書かれたものを「地域計画」という視点で書き直すことになりました。

改訂版を出すにあたり、原稿を読み直したのですが、ここで書かれている「理論」は、地域計画の座談会の理論という枠を超え、すべての会議や話し合いの根底となる理論になっていると感じました。しかも、今までにない先進的な理論が書かれており、この「先進的な理論で開催する先進的な座談会」は、未来の農業を語り合うにはぴったりな座談会になると改めて感じました。地域計画の座談会を開催する前にぜひ一読していただければ思います。

令和6年7月

一般社団法人会議ファシリテーター普及協会
代表　釘山　健一
副代表　小野寺郷子

まえがき――地域に開かれた農業

令和2年3月、澤畑佳夫さん（全国農業会議所・専門相談員）によるブックレット「地域（集落）の未来設計図を描こう！～人・農地プランの実質化を確実に進めていくための、座談会の具体的な開き方～」が発行されました。この度、このブックレットが改訂されることに伴い「理論編」となる本書を発行することになりました。

「地域（集落）の未来設計図を描こう！」は、座談会の進め方が詳細に説明されている実践的な内容です。ところが、現場は千差万別で、さまざまな問題が発生します。そんな時、自分なりに工夫し対応していくためには、「実践」を支える「理論」を理解しておく必要があります。

そこで、「理論編」となる本書では、澤畑さんの実践している座談会（これをMFA型座談会といいます）のベースになっているMFAメソッドを開発した、会議ファシリテーター普及協会代表の釘山健一と副代表の小野寺郷子が、その「理論」を解説いたします。

澤畑さんの「実践編」と、この「理論編」の両方の理解を進めることで、地域の座談会を自分たちで考え、実践していく力になると考えています。ぜひ、この2冊を活用して「全員が発言できるMFA型座談会」を各地で開催していただければと思います。

令和3年1月

一般社団法人会議ファシリテーター普及協会
代表　釘山　健一
副代表　小野寺郷子

目　次

MFAメソッドとは
「会議ファシリテーター普及協会メソッド（方式)」の略称です。
Meeting（会議）
Facilitators（進行役）
Association（協会）

はじめに

未来を切り開く「地域に開かれた農業」

昨今、農業だけでなく、あらゆる分野で厳しい時代になっています。そして、その厳しい状況を切り開く時代のキーワードが「地域に開かれた」という言葉です。「地域に開かれた企業」「地域に開かれた学校」「地域に開かれた病院」「地域に開かれた商店街」など、すべての分野が「地域に開かれた」という考えをもとに、既存のさまざまな課題を解決し乗り越えようとしています。

では、農業はどうやってこの危機を乗り越えようとしているのか？「地域に開かれた」という視点をもって取り組んでいるのか？

現在、農業の危機を乗り越えるため、「人・農地プラン」をバージョンアップした「地域計画」の策定に全国的に取り組んでいます。この取り組みは非常に大切であり、間違いなく有効な手段と言えます。では、「人・農地プラン」や「地域計画」の本質は何でしょうか？

それは、農林水産省も全国農業会議所もセミナーのたびに説明している「地域の未来を創っていくこと」です。農業について農家だけで考えていく時代ではありません。「農業の課題が地域の課題」となり、農家以外の地域の人との関わりの中で、未来の農業について考えていくこと、それが「地域に開かれた農業」です。

全国農業会議所では「地域計画の策定」に向けて、「日本型ファシリテーション」という最新の会議のスキルを活用した「参加者が全員発言できる座談会」にしようと「座談会の変革」を進めています。この新しい座談会を「ＭＦＡ型座談会」と言います。

「ＭＦＡ型座談会」は、「地域計画」を作って終わりではありません。「参加者が全員発言できる座談会」は無限の可能性を秘めています。この新しい型の座談会で、いろいろな人が自由に自分の思いを語り合うことで、地域と農業の未来を切り開いていけたら素晴らしいことだと思います。「MFA型座談会」は、「地域に開かれた農業」を今後実現していくために必須のものと言えます。

1　議長ではなくファシリテーターへ

最新の会議のスキルが座談会を変える

皆さんは、会議の進め方を学んだことはありますか？

ほとんどの人がないと思います。

しかし、それは皆さんだけでなく、日本人皆そうなのです。日本人は会議や話し合いの進め方を学校では学びません。そのため、日本の会議の実態は欧米と比べて20年は遅れているのではないかと思います。もっと言うなら１００年前の会議と、現在、企業や行政などで開かれている会議はほとんど変わっていません。

ところが、欧米は違います。小学校の授業から「話し合い」が大切にされ、高校になると授業の中で会議の進め方を学びます。今回、紹介する最新の会議の進め方である「ファシリテーション」も欧米では高校の授業で登場します。

「地域計画の策定」を目指す座談会は、１００年前の会議の進め方ではなく、最新の手法でやりたいものです。

いくら、「よ～し、きるだけいい地域計画を作をやるぞ。そのために座談会を頑張って開催していくぞ！」と志をもってやっていこうとしても、せっかく頑張って開催した座談会が１００年前の古いやり方のままでは、効果は期待できません。

既存の会議の問題点

昔ながらの堅苦しい座談会で、良い話し合いができるなら良いですが、数多くの問題があることは皆さんが一番感じていることではないでしょうか？　既存の座談会の問題点を挙げると次の通りです。

・いつも同じ人ばかり話している
・声の大きい人の意見だけが通る

・少数意見が地域の団体の意見として取り上げられている場合がある
・どうせ意見を言っても変わらない
・その場で意見を言える勇気がない

数々の問題がありますが、これらの問題点を一言でまとめると**「一部の人しか発言しない」**となります。このような座談会では真に地域の農業のためになる地域計画を作ることはできません。

最新の会議のスキルは無限大

しかし、これらの問題は最新の会議のスキルで解決できます。なぜなら、皆さんが想像している以上に会議のスキルは進んでいるからです。

特に「全員発言」に関しては必ず実行できます。「うちの現場は堅苦し過ぎて無理だ」と思うかもしれませんが、それは思い込みです。多くの場合、「無理だ」と思って何もしないからできないのです。

そして、「無理だ」と思ってしまう一番の原因は「最新の会議のスキルを知らないこと」です。「無理だ」と言い切る前に、まずは最新のスキルをしっかり学んでください。そして、それをもとに「厳しい現場だけど、何かできないか?」と考えて、体制を整え、創意工夫して、少しずつ進めていけば、どんな現場でも必ず実現できます。

議長とファシリテーター

この最新の会議のスキルを「ファシリテーション」と言います。そして、このスキルを持った人を「ファシリテーター」と言います。

ファシリテーターとは、「会議の進行役」のことで、今までの「議長」のことです。ただし、既存の議長とは違い「最新の会議のスキルを学んでいる議長」を指します。

ファシリテーターは「一部の人しか発言しない」会議を「全員が発言する」ように進行するスキルを持っている人と言えます。

ここで「司会」と「議長」と「ファシリテーター」の違いを図にしておきます。「司会」は、進行役ではありますが、話し合いを進行するわけでないので「議長」や「ファシリテーター」とは違います。

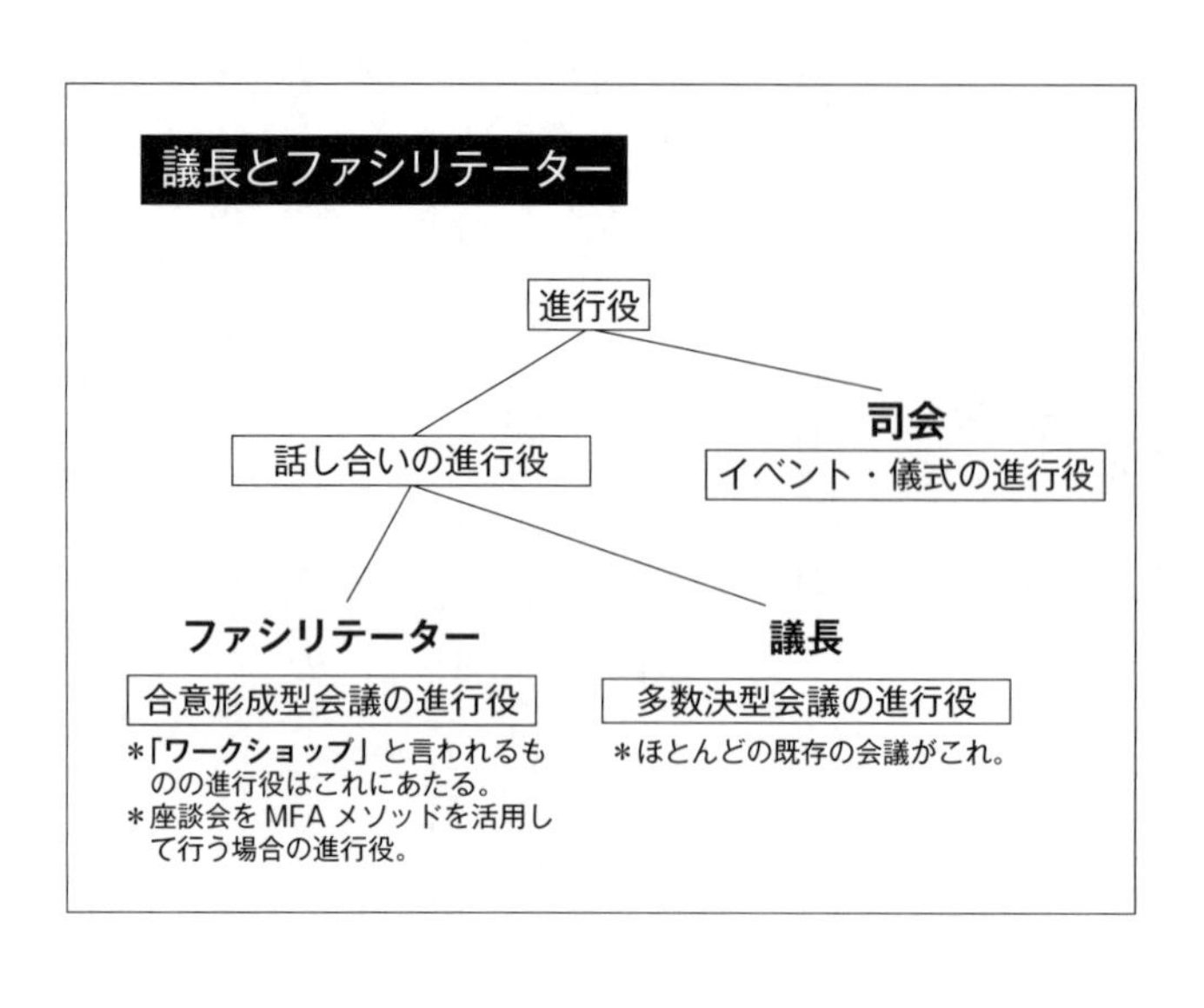

既存の座談会とMFA型座談会の違い

では、議長が行う座談会とファシリテーターが行う座談会（これをMFA型座談会と言います）の違いは何でしょうか。

最も基本的な違いは「場の雰囲気」です。MFA型座談会は「明るく前向きな雰囲気」で行うことが最大の特徴です。

「明るく前向きな雰囲気」のことを「楽しい雰囲気」と言い換えることもできます。楽しい雰囲気だからこそ全員が発言でき、全員が発言できるからこそ、合意された結論にまとまるのです。

ところが、「全員発言」のためには、今までのような「口で話す会議」では限界があります。どうしても、口が達者な人が会議の場を占拠してしまうからです。そこで、「口で話す会議」から「紙に書き出す会議」に変えていく必要があります。

具体的には「付箋」を使った会議に変更します。会議の専門家である私たちが、いろいろな会議の進め方を研究し、実践して行き着いた結論は「付箋」でした。そして、座談会でも付箋を使うことが最も適したやり方だということです。

既存の座談会 （議長が進める）	MFA 型座談会 （ファシリテーターが進める）
堅苦しい雰囲気 （分離感）	**楽しい雰囲気** （一体感）
一部の人しか発言しない	**全員が発言する**
合意なき結論	**合意された結論**
口で話す会議	**紙に書き出す会議**
会場が殺風景	**明るく前向きな飾り**

「会場の雰囲気」が座談会を変える

「明るく前向きな雰囲気」をつくる上で最も大切なことが「会場を明るく前向きな雰囲気に設営すること」です。そのために、左記の事柄に注意してみましょう。

・座談会を殺風景な会場で行わないこと。
・座談会を公民館にある机と椅子をそのまま並べて行わないこと。
・会場の設営の大切さ、会場の飾りつけの大切さを常に意識すること。

会場の雰囲気を「明るく前向きな雰囲気」にするだけで、座談会は劇的に変わります。

このことを、口すっぱくして何回話しても、なかなか実行してもらえません。既存の会議の概念にとらわれていて「そんなことやる必要がない」と思われてしまうからです。

特に、会議で自分ばかり話す「困ったちゃん」は、本人は会議で自由に発言しているので「そんな飾りつけなんていらない」と主張してきますので、その声に押されて「会場の雰囲気の大切さ」が広まらないということもあります。

しかし、会議は雰囲気で変わります。

会議のスキルとは「意見を整理するスキル」だとか「結論を導くスキル」だと考えるのは「古い考え方」であり、本質的な考え方ではありません。

会議の本質的なスキルは全員発言を目指すために「明るく前向きな雰囲気をつくるスキル」です。この雰囲気ができてしまえば、会議は劇的に変わります。

そもそも、会議で出てくる意見は、場の雰囲気に左右されるということを知っておいてください。

「堅苦しい意見が出るのは、場の雰囲気が堅苦しいから」です。これは最新の脳科学で証明されています。脳みそは堅苦しい雰囲気を感じて「あ、そうなんだあ、今日は堅苦しい意見を出せばいいんだね」と判断して、堅苦しい意見を考えるのです。

明るく前向きな意見がほしいのであれば、場の雰囲気を明るく前向きな雰囲気にしてください。そうすることで、脳は明るく前向きな意見を考えるようになります。

そのために、「場の雰囲気をいかにつくるか？」ということです。これについては、後ほど詳しく説明します。

議長とファシリテーターの違い

「全員が発言をして、合意された結論が出る」ＭＦＡ型座談会を進行するファシリテーターは、既存の議長と何が違うのでしょうか？　最大の違いは二つです。

【①　問いかける】

既存の議長は参加者に指示を出すのが仕事でした。しかし、それにより参加者は「指示待ち人間」となり、受け身になっていたのです。この「受け身」の姿勢を許していたことが既存の会議の最大の問題点でした。

そのために、会議に対して「主体性」がなくなり、会議がうまくいかない時は主催者や議長のせいにしてしまい、話し合っていることが自分ごとになりにくい状況でした。そこで、ファシリテーターは極力「指示を出さない」で「問いかける」ようにします。

つまり、参加者に考えてもらうようにするのです。会議の時に何か問題が起きたら「では、こうしましょう」と指示を出すのではなく、「困りましたねえ、皆さん、どうしましょう?」と参加者に問いかけていく、それがファシリテーターです。

問いかけることで、参加者は自ら考え、会議に対して主体的な姿勢が生まれます。「問いかけていく」、これこそファシリテーターの真骨頂と言えます。

【②　意見の整理をさせる】

議長は意見を整理するのが仕事でした。

これは当然ですよね?

ところが、この当然のことが参加者の主体性を奪っていたのです。進行係は、頑張って意見を整理してはいけません。頑張って整理すればするほど、参加者は進行係の「お手並みを拝見」となります。これは主体的な態度でないばかりか、批判的な意識へと変わっていきやすいのです。

そこで、ファシリテーターは、参加者に「意見の整理を自分たちでさせる」ようにします。「ここまでに出された意見を整理するとどうなりますか?」と指示をして、考えさせます。そうすることで、参加者の主体性が生まれます。

「参加者の主体性を引き出す」方法は二つあります。

一つ目は「楽しくやること」です。これが根本です。

そして、もう一つ、とても簡単でとても有効なのがこの「意見を整理させる」ことです。

参加者は自分で意見を整理する過程で、その問題が自分ごととなっていきます。

これはとても重要なことなのですが、どうしても既存の「議長は意見を整理するのが仕事」という考えから抜けきれない人が多々います。座談会を主体的な場にしていくためには、参加者に意見の整理をさせることはとても大切なことです。

ファシリテーションは進行にゆとりが生まれる

「意見を整理して、指示を出す議長」と「意見を整理させて、問いかけるファシリテーター」はどちらが進行にゆとりがあるでしょうか?

これは明らかにファシリテーターの方です。

つまり、ファシリテーションとは「進行にゆとりを持ちながら、主体性を引き出すスキル」になっているわけです。これはいいですよねえ。

ぜひ、座談会ではファシリテーションを活用したＭＦＡ型座談会を開催してみてください。

	議長	ファシリテーター
基本の二つ違い	**意見の整理をする**	**意見の整理をさせる**
	指示を出す	**問いかける**
＊二つの違いのために	＊参加者は、受け身になる	＊参加者は、主体的になる
	＊進行が、大変	＊進行が、楽になる
他の違い	議決権をもつ	議決権をもたない
	リーダーがやることが多い	リーダーはやらない

2　日本人は自ら発言しない
～日本人の実態に合った会議の手法へ～

二つのファシリテーション～欧米型と日本型～

ここまで「ファシリテーション」という言葉を使ってきましたが、ＭＦＡが言う「ファシリテーション」は一般的に言われているファシリテーションとは違いがあります。

実は、皆さんが聞いたことがある会議のスキルは、ほとんどが「欧米」から来たものです。ファシリテーションもそうです。

会議やファシリテーションの本を読むと「最新の欧米の会議のスキル……」とか「欧米の会議を体験してきた……」ということが書かれています。一見すると素晴らしいスキルのように感じますが、そこが問題です。

欧米人と日本人は違うからです。

欧米式の会議のスキルを、そのままで日本に当てはめて活用してもうまくいきません。特に、座談会のように農家の方が多く集まる場では、欧米式は向きません。欧米人と日本人は、その特性が違うからです。その違いを並べてみると次のようになります。

【欧米人】
・自分から発言する
・論理的に話をする

【日本人】
・自分から発言しない
・感覚的に話す

この違いがあるために、欧米型は日本の多くの現場でうまくいきません。

うまくいくのは会議に慣れている企業やＮＰＯ、そして主体性がある人たちの集まった会議です。少なくとも座談会では間違いなく「日本型」の方がいいのです。

そこで、ＭＦＡでは日本人の特性に合った「日本型ファシリテーション」をオリジナルでスキル化しました。

今までファシリテーションを学んだことのある方が、ＭＦＡの会議のスキルを知ると違和感があるかもしれません。

しかし、欧米型が悪い、と言っているのではなく、実態に合わせて使い分けてください、ということです。そして、特に農業の座談会には「日本型ファシリテーション」が有効だということです。

農業の座談会に参加する人の多くは「自分から発言しない」「感覚的に話す」人たちではないでしょうか?

欧米型の問題点

欧米型の会議のスキルの根本的な問題点は「意見を整理するスキル」から始まっていることです。

欧米人は自分からどんどん発言しますので、会議のスキルといえば、その出された意見を「整理する」ことから始まります。

ところが、日本人は「自分から発言しない」のですから、まずは発言させるスキルが必要となります。それが「雰囲気」であったり「付箋」です。

また、欧米型は論理的に話し合うスキルなので、最も大切にすることが「発言の根拠」です。したがって、発言すると必ずその「根拠」を問われますし、根拠の言えない発言は認めてもらえません。

ところが、日本人は発言した後、誰かに「今の意見の根拠を言ってください」と言われると、どのように感じるでしょうか?

日本人の場合、根拠を問われると「あ、この人は私の意見に反対なんだ」と考え、傷つく人もできます。根拠を問うことは否定していることではないのですが、日本人は否定されたと感じてしまうのです。

日本人の発言の多くは「なんとなくそう思ったから」です。

根拠を意識して発言しません。特に年配の方の場合、その傾向が強いと思います。したがって、話し合いでは「根拠」にあまりこだわらない方が良いのです。

座談会の実態

この日本人の特性が色濃く出ているのが既存の座談会ではないでしょうか?

「ご意見がある方、お願いします。」と議長が言うと、ほとんどの人が手を挙げることなくじっとしています。

この時、何が起きているかというと〝いつもの人〟が〝いつものように〟手を挙げて発言してきます。

そして、ほとんどの人が発言しないまま、一部の人が発言したことが、そこの集団の意見となってしまう。実際にこういう流れで今までの「人・農地プラン」は作られてきたのではないでしょうか?

このような座談会を開催しても真に地域のためになる地域計画の話し合いはできません。同じことの繰り返しです。

既存の座談会の問題点を挙げると次のようになります。

これまでの座談会（会議）の課題

・いつも同じ人ばかりが話している
・声の大きい人の意見だけが通る
・ごく少数意見が地域や団体の代表意見として取り上げられている場合がある
・どうせ意見を言っても変わらない
・その場で意見を言える勇気がない

一言でまとめると「一部の人しか発言しない」ことが問題なのです。この問題点を改善した会議の手法が「ＭＦＡメソッド」です。

MFAメソッドの特徴

欧米型ではなく、日本人の特性に合うように会議の進め方をスキル化したものが会議ファシリテーター普及協会の開発した「ＭＦＡメソッド」です。

堅苦しい会議を「対話型」に変えたスキルが・・・

MFA メソッド（日本型ファシリテーション）

MFA とは・・・

「一般社団法人会議ファシリテーター普及協会」の略称

Meeting(会議)
Facilitators(進行役)
Association(協会)

ＭＦＡとは会議ファシリテーター普及協会のアルファベットの頭文字をとったものです。

このＭＦＡメソッド（日本型ファシリテーショ

ン）を活用した座談会を「ＭＦＡ型座談会」と呼んでいます。

　ここでＭＦＡメソッドを整理してみます。

①明るく前向きな雰囲気をつくるスキル
②主体性を引き出すスキル
③発言を引き出すスキル
④合意された結論を出すスキル
⑤付箋を効果的に使うスキル
⑥誰でもできるスキル
⑦対立を起こさないで話し合うためのスキル
⑧時間内に結論を出すスキル

　このように既存の会議において、長い間、問題と言われていた多くのことを解決するのがＭＦＡメソッドです。

　ＭＦＡメソッドは、今までの会議の問題点が「欧米型」だと見抜いたことでできあがったスキルなのです。

　ちなみに、世間で知られている既存のファシリテーションを「欧米型ファシリーション」、日本人の特性に合わせたファシリテーションを「日本型ファシリテーション」と呼びます。

欧米型と日本型の使い分け

　このように書いていますが「欧米型は駄目だ」というわけではありません。会議に集う人たちに合わせて使い分けることが大事だということです。

【欧米型が合う】
・自分から発言する人たちの会議
・主体性がある人たちの会議
・論理的に話し合うことができる人たちの会議

㈠ 会議に慣れている企業の会議
　ＮＰＯや市民団体の会議など

【日本型が合う】
・自分から発言することが少ない人の会議
・あまり主体的でない人が多い会議
・感覚的に話す人が多い会議
(例) 多くの企業の会議
一般の人が集うまちづくりの会議
農家の座談会

このようになります。
ＭＦＡは、農業の座談会にはＭＦＡメソッドが一番適していると考えています。

日本型ファシリテーションの威力
＊書き出された付箋の数が通常（欧米型）の３倍

3　合意形成に関する最新の到達点はこれ

真に地域のためになる「地域計画」とするためには「皆に合意された結論をつくる」ことです。

そのためには、まず「合意」について、整理しておく必要があります。

会議では「合意形成が大事」と盛んに言われていますが、「合意とは何なのか?」をきちんと整理して語られることは、ほとんどありません。ましてや、理屈ではなく、話し合いの現場に役に立つ「会議における合意」についてはなおさらです。

そこで、座談会の役に立つ「合意」とは何かを現場的に整理します。

会議における合意とは何か?

そもそも、合意とはなんでしょうか?　辞書で調べると「意思が一致すること」となっています。

ということは、会議における合意とは「結論について意思が一致すること」となります。

しかしながら、この定義はまだ曖昧です。「一致するといっても、全員一致でないといけないのか?」など、実践するには判断に困る疑問が発生するからです。そこで、実践的にMFAらしく「会議における合意」を定義すると次のようになります。

『100%の結論ではなく、70%でもいいので、多くの人が納得すること』

ここでの「納得」とは何でしょうか?

この言葉も普通に使っていますが、辞書で確認すると、「考え、行為を理解して、もっともだと認めること」と書いてあります。簡単に言うと「もっともだと認めること」となります。したがって、先ほどの定義をさらに分かりやすくすると、次のようになります。

『100%の結論ではなく、70%でもいいので、多くの人が「もっともだ」と認めること』

この定義はかなり実践的な定義ですが、少し解説しないとこの真意は伝わりません。それは次の二つの言葉です。

「70%でもいいので」
「多くの人が」

この二つの言葉に込められた合意についての考え・思いが大事です。
この二つの言葉の持つ意味は

1　最高の結論でなくていい！
　　＊「70%でもいいので」
2　全員が納得しなくてもいい！
　　＊「多くの人が」

ということです。

つまり、「70%でもいいので」というのが、「最高の結論でなくていい」という意味で、「多くの人が」というのが、「全員が納得しなくてもいい」という意味です。

一般的には「合意というと、最高の結論を出して、それに皆が納得すること」と考えていると思います。この考え方だから合意が難しいのです。

・「最高の結論を出す」というのは難しいですよね？
・「皆が納得する」ことってあるのでしょうか？

必ず、誰かが反対するのではないですか？
会議における合意は「最高の結論でなくていいし、全員が納得しなくてもいい」のです。そう考えるとかなり気楽ですよね。

「最高の結論とは言えないけれど、多くの人が納得しているから、とにかく皆でやっていこう」

と決めて、それを実行していくことが、行動的で前向きな組織をつくります。

ちなみに「70%」という数字も実践から生まれた数字です。

70%ということは「30%のリスク」があるということです。30%のリスクとは少し高いですよね？　しかし、その30%のリスクを減らすにはどうしたら良いかと、また会議で考えるより、「30%くらいのリスクはあるけど、とにかく皆で一度やってみようよ」と考えて進むほうが良いのです。

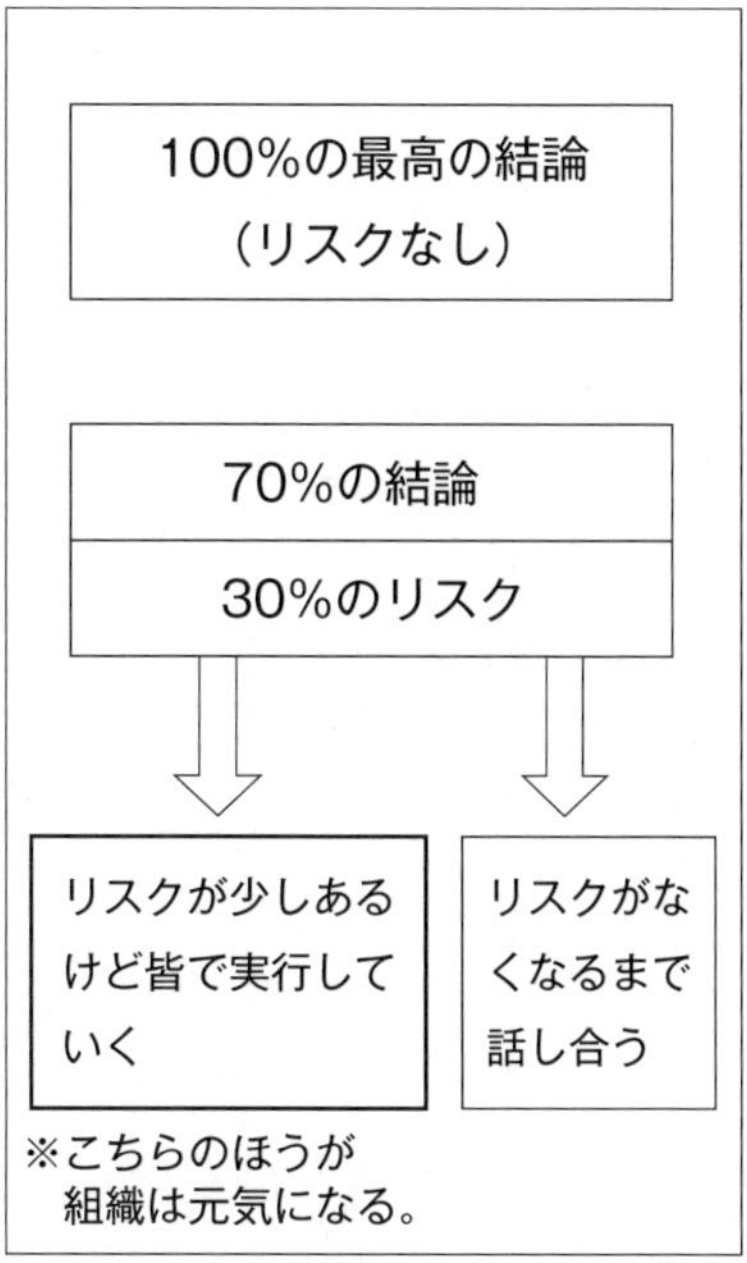

100%の最高の結論 （リスクなし）	
70%の結論	
30%のリスク	
↓	↓
リスクが少しあるけど皆で実行していく	リスクがなくなるまで話し合う

※こちらのほうが組織は元気になる。

さらに、合意については次のようなことも言えます。

■「しかたないね」は最高の合意

対立している両者が話し合っていて、話し合いの最後にどちらかが「しかたないなあ～」とあきらめるような発言をすることがあります。

その時、「しかたないって言ってるから納得していないんだ」と考えがちですが、そうではありません。「しかたないなあ〜」ということは最高の合意の言葉です。これは「納得はしていないけど、合意はしている」というパターンで、これも立派な合意なのです。

■ 究極の合意

合意の中でも「究極の合意」というものがあります。この合意さえ組織にとれていれば、結論を出すのはとても簡単です。それが、

多数決で決まったことは、たとえ反対でも、その実行については協力して取り組んでいく

という合意です。

本来、この「究極の合意」をベースに会議はできていたのです。「全員が合意しないとだめだ」という考えは、会議にはもともとありませんでした。

ところが、最近は「合意形成が大事だ」という考えが行き過ぎて、「究極の合意」が忘れられ、合意が難しくなっています。

会議ではまずこの「究極の合意」を事前に諮っておくことが必要です。そしてそれは、ファシリテーターの仕事ではなく、組織のリーダーの仕事です。

合意に至るための三つの条件

それでは、人はどんな時に合意するのでしょうか？

「理屈で納得した時」ですか？

それは欧米型の考え方です。実は、感覚で話し合いをする日本人は「理屈」ではないことで納得していきます。そのことを理解しないと座談会で「みんな（多くの人）が納得する結論」を出すことはできません。

「みんな（多くの人）が納得する結論」に至るためには三つの条件があります。

【条件1】皆で話し合ったという一体感がある

一つ目がこれです。人は「皆で話し合ったという〝一体感〟があるとき」に合意してもいいと考えるものです。逆に「分離感」の中で考えて出た結論には合意する気持ちが湧きません。

つまり、どういう場合に「一体感」が生まれ、どういう場合に「分離感」が生まれるのかを理解しておくことが大切だということです。

分離感が生まれる場

まず、分離感が生まれる場について考えてみましょう。分離感が生まれる一番の原因は「机がロの字型になっている場合」です。

机をロの字型に並べた時にできる真ん中の空間を「見えない壁」と呼びます。その「見えない壁のために参加者の一体感が生まれにくくなっています。

また、「机が講義形式で全員が前を向いている場合」もやはり分離感が生まれています。

つまり、基本的に「机がロの字型になっている場合」や「机が講義形式になっている場合」では合意しようという意識は極めて起こりにくいということです。

さらに、意外と知られていないことがあります。それは、「資料が一人1枚ずつ配られる」という状況が分離感を生んでいるということです。

議長が「お手元の資料をご覧ください」と言うと、参加者は資料を読みだします。これは必要なことではありますが、この指示で、一人一人が自分の世界に入り込む分離感を生んでいることを知ってください。

では、どうしたら良いのか？

それは、次の項目で説明します。

ロの字型の会議

＊参加者が配られた資料を見ているところ。
分離感が生まれている。

講義形式の会議

＊参加者が全員前を向いて
分離感が生まれている。

一体感が生まれる場

一体感とは「一緒にやった、同じ感覚を味わった」ということで「一緒に」「同じ」ことで生まれる「仲間意識」と言えます。

人は仲間の言うことは尊重するという心理があります。

仲間の言うことは、少しくらい納得できないことでも「しかたないなあ、お前がそこまで言うなら、まずはやってみるか」という合意が生まれやすくなります。

それでは、一体感とはどういう時に生まれるのでしょうか？

・一緒に苦労した
・同じ苦労を味わった
・一緒に成功のために頑張った

こうした一体感があれば、これはもう完全に仲間です。この一体感を味わった仲間の言うことはお互いに尊重するものです。ただし、一体感とはこんな大きなことでなくても構いません。

・同じところに出かけた
・同じものを食べた
・一緒にゲームをした
・一緒に映画を観た

などなど、このような些細なことでも、人は一体感を感じるものです。

このことを頭に入れながら、参加者が一体感を味わいながら進めるための工夫をしていくことが大事です。

会議において一体感を生む最大のコツは口の字型ではなく「グループをつくって話し合う」ことです。

まず、ここからです。

逆にいうと、これだけで一体感は生まれます。

グループをつくることは、今、いろいろなところで行われるようになってきています。皆さんも一度くらいはやったことがあると思います。これは「合意された結論」を出すためにとても大切なことですので、必ずやるようにしてください。

そして、一体感を出すために大切で、ほとんど言われていないことがもう一つあります。

それが「グループに、1枚だけ資料を配る」ことです。

これはとても重要ですが、実行されていないことがほとんどです。せっかくグループをつくっても、これを忘れると一体感を生むという効果が半減します。

先ほどのロの字型会議のところで説明したように、せっかくグループをつくっても資料を個人個人に1枚ずつ配り「お手元の資料をご覧ください」と指示しては、それぞれが自分の資料を見てしまい、そこに分離感が生まれてしまいます。

「グループに配りました資料を、グループの皆さんでご覧ください」という指示が一体感を生みます。

ちなみに、「地域計画」の座談会の場合、農地の地図を机に広げて、それを見ながら話し合います。それは、一体感を生むために、とても良いことです。その他にも「同じお菓子を食べた」「狭い会場で話し合った（グループの間隔は狭いほうが一体感が出る）」「付箋の共有作業を一緒にやった」などでも一体感は生まれます。

グループに配られた１枚の資料を、グループの皆で見ているところ。
＊一体感が生まれている。

【条件2】十分に意見が言えた満足感がある

一般的な会議や座談会では、ほとんど発言できない人が多いものです。発言ができないまま決まったことに、合意が生まれるわけがありません。そういう状況で決まった結論を「合意なき結論」と言います。

では、「全員が発言するには、どうしたらいいか?」と考えると思うのですが、実は、それだけでは不十分です。1~2回発言したとしても、それで決まったことに合意するかというと、そうはいきません。大切なことは「発言できたか?」ではなく「十分に発言できたか?」なのです。

十分に言いたいことが言えないで決まった結論には合意したくないと思うものです。

ところが、「口で話す従来の会議」では、全員が〝十分に話す〟ことはできません。物理的(時間がない)に不可能なのです。たとえ、全員発言したとしても、せいぜい一人2~3回が限界です。参加者の人数が多い場合は、1~2回が限界かもしれません。

それではどうしたらいいのでしょうか?

それが、「グループをつくり」+「付箋を使った会議」を行うことです。

「口で話す会議」には物理的限界があり、どんなに会議の進め方を工夫しても「全員が十分に話す」ことはできません。そこで、付箋を使うことで「全員が十分に話す」ことが可能となります。つまり、付箋に自分の思いを全部書き出せることがポイントです。

しかし、付箋に書き出しただけでは「満足感」は生まれません。書き出したものをグループで共有する(どんなことを書いたか見せ合う)ことにより、自分の思いを会議の場で表現したという満足感が生まれるのです。

「グループの中で話しても、全体で話さないとだめではないか？」と思うかもしれませんが、大丈夫です。グループの中で話ができたという満足感でも、十分合意につながります。

つまり、「全員が十分に話す」といっても、全体の場で口に出して話さなくても、付箋に書き出して、それについてグループで話し合うだけで「自分の意見を十分に言えた」という満足感が生まれるのです。

ところが、付箋の使い方にも「欧米型」と「日本型」の二つがあります。その二つの使い方次第で、十分に発言できるかどうかの違いが出ます。

付箋に意見を書かせる時の指示の出し方

一般的に付箋に意見を書かせる時に、進行役は「皆さん、付箋に自分の意見を書いてください」と指示を出します。

ＭＦＡでは、これを「悪魔の指示」と呼んでいます。

この指示を出すと、参加者は自分の意見を1～2個書いて終わりになります。「1～2個だけ書く」ことで、人は「付箋に書いた意見が自分の意見である」と強く思ってしまいます。そのために、「付箋に書いた意見を通したい」という気持ちが起きます。この気持ちが対立的な雰囲気を生みます。

また、「発言しない」という日本人の特性から考えると発言力が弱い人は「自分の意見を書いて」と言われることが苦手です。「自分の意見と言われてもな～」となってしまいます。

つまり、「自分の意見を書いてください」という指示は「意見を持っていることを前提」とした「欧米型」の指示であり、発言力の弱い人（日本人に多い）にはプレッシャーとなる指示で、なかなか書き出すことができなくなるのです。

そこで、どうするのか?

「何でもいいので、思いつくことを、できるだけたくさん書き出してください」

と指示を出してください。

これがMFAメソッドです。

ポイントは

・何でもいい　・思いつくこと　・たくさん

の3点です。

この三つの視点を説明することで、発言力の弱い人でも付箋に書き出す壁が低くなります。これはMFAメソッドの真骨頂とも言えるスキルです。

同じ付箋に書かせる指示でも、この指示を出すだけで、一気に「では、付箋に書いてみるか」という雰囲気になります。

【条件3】自分たちで進めたという主体性

会議に対して主体的に参加しなければ、合意された結論を出そうという意識は生まれません。つまり、「どんな結論でも自分には関係ない」という受け身の姿勢ではだめです。

では、主体性を引き出すにはどうしたらいいのでしょうか?

主体性を引き出すために必要なことは「明るく前向きな雰囲気」であり「十分に意見が言えること」です。この二つが基本です。

そして、もう一つ大事なことが「意見の整理を自分たちでやる」ことです。

今までの話し合いの進行役である議長は「意見を整理するのが仕事」でした。しかし、議長が頑張って出された意見を整理しているとき、参加者はどういう姿勢だったのでしょうか?

それは「議長のお手並み拝見」という極めて受け身の姿勢なのです。

意見を整理していくことが全く他人（議長）任せになり、自分は言いたい放題言っていればいいと考えていたのです。つまり、議長が頑張って意見を整理すればするほど、参加者は受け身になっていたのです。

そこで、参加者の主体性を引き出すために一番良い方法は「参加者に意見の整理をさせる」ことです。

参加者は出された意見を自分で整理することにより、議題が自分の問題となり、主体的な姿勢が生まれます。

つまり、今までのように議長が意見を整理するのではなく、「皆さん、ここまでの話を整理するとどうなりますか？」と参加者に問いかけることで参加者の主体性を引き出します。これがファシリテーションです。


「そんなこと言っても、整理してもらうなんて、参加者は嫌がるよなあ」と思いますか？

大丈夫です。

人の心理として「出された意見を整理することは楽しい」のです。くちゃくちゃなものを整理していくことは「すっきりする」という気持ちのいい作業だからです。ですから、ぜひ意見の整理を自分たちでするように進行してください。


しかも、付箋を使った話し合いでは、「自分たちで意見を整理するという作業」は、いとも簡単に実現します。

なぜなら、「個人で意見を書き込んだ付箋をグループで見せ合う作業（共有といいます）」は、自分たちで意見を整理する作業だからです。そういう意味でも付箋を使った話し合いは素晴らしいやり方です。

付箋を共有する作業の詳しいやり方は後ほど説明します。

最新の結論の出し方

皆さんは会議において結論を出す方法をいくつ知っていますか？

日本人は会議の進め方を学ぶことがほとんどないために、結論の出し方というと「多数決」しか

合意するための３大条件

1． 一緒に考えたという**一体感**

＊グループ＋資料の配り方

2． 十分に意見が言えた**満足感**

＊付箋に思いをたくさん書かせる

＊グループで見せ合う（共有）

3． 自分で整理したという**主体性**

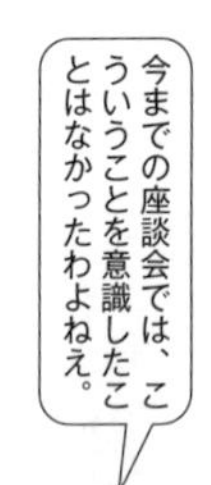

知らないことがほとんどです。ところが、「多数決」は、とても問題がある決め方なのです。

皆さんも感じたことがあると思うのですが、多数決で決まったことは、たとえ決まったとしても「不満が出ることが多い」のです。これは大問題です。合意していないということだからです。

では、なぜ、多数決は不満が出やすいのでしょうか？

多数決で不満が残りやすい理由

それは、「多数決とは、最後の喧嘩」だからです。

多数決は最後の挙手で、自分の意見に手を挙げることができます。対立している者同士の場合でも、当然ですがお互いに自分の意見に手を挙げます。これが「最後の喧嘩」です。

自分の意見に手を挙げるということは、お互いに、最後の最後に「自分が正しい」と主張し合うことと同義です。したがって、多数決に負ける＝喧嘩に負けることになり、負けた方は不満が残るわけです。

ちなみに、対立する両者が話し合う時に、どうしたら良いかですが「欧米型」のスキルでできている会議やファシリテーションの本には「お互いの根拠を出し合って話し合い、合意点を見つける」と書かれています。

しかし、日本では私の経験上このような話し合いの場合、最後はほとんど喧嘩になります。「根拠を出し合って話す」というのは、聞こえはいいのですが、実際は「根拠を出し合うことで、自分は正しいと主張し合うこと」になっているからです。

欧米人や一部の企業やＮＰＯの人たちのように、根拠を出し合って話すことに慣れている人たちは、喧嘩にならないかもしれません。しかし、多くの日本の会議や座談会ではやめたほうがいいと思います。

それでは、どのように結論を出せば不満が出にくいのでしょうか？　それが「投票」です。

不満が残りにくい投票という決め方

投票について説明するには、まずは「絞り込み」について説明する必要があります。

一般的な付箋を使った会議では、付箋に書き出したあとは「共有」して終わりです。具体的に言うと、それぞれの思いを書き込んだ付箋を模造紙に貼りだし、似た意見の付箋を集めてグループをつくり、それをマジックで〇を付けて、見出しを付けて終わりです。

そこから先の、出された意見やアイデアを最後の結論まで絞り込むことをしていません。そこが、一般的に行われている付箋を活用した会議（一般的にワークショップといわれるもの）の最大の欠点でした。

「絞り込み」とは、付箋に書き出した自分の思いをグループで共有（似たものを集めて整理すること）して、最後に結論を出すことです。「結論を出す」のは会議においては当たり前のことですよね？

ところが、付箋を使った会議のスキルには「絞り込み」のやり方までスキル化されていなかったのです。つまり、ＭＦＡの確立した「絞り込みのスキル」は、画期的なスキルと言えるのです。

【第一段階　グループで三つに絞る】

似た意見の付箋を集め、見出しが付いたら、それを見ながらグループで三つの意見に絞ります。これが第一段階です。三つに絞り込んだ意見は投票用の模造紙に書き出します。

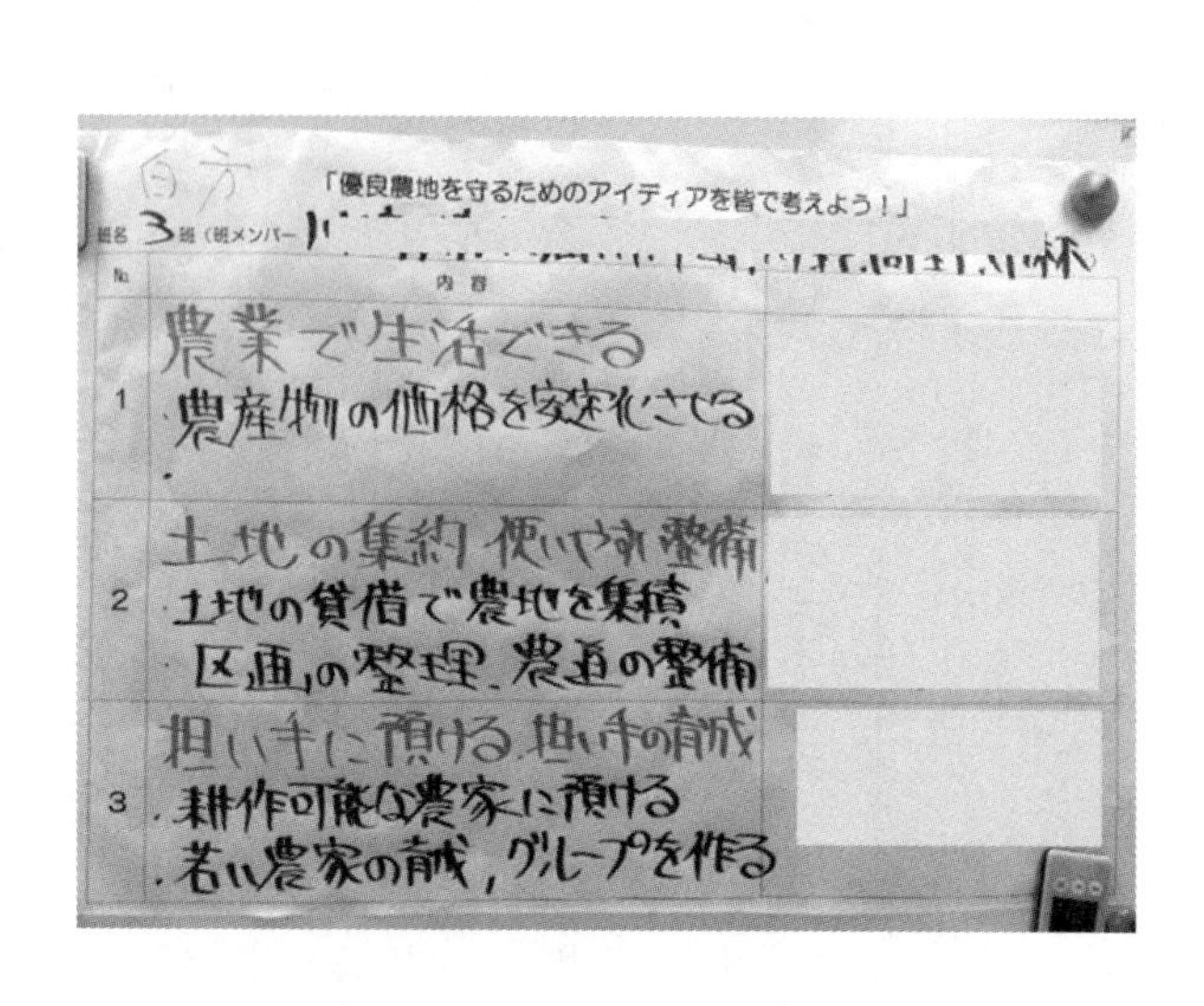

ただし、三つに絞るときに〝コツ〟があります。単に「三つの意見に絞ってください」と指示すると、「意見の書かれた付箋の中から、どの付箋が良いかを選ぶ」ことになります。

これでは会議の意味が半減します。会議とは「お互いの意見を出し合う場」ではなく、「お互いの意見を聞き合って、個人の意見を超えた意見に皆でブラッシュアップしていく場」です。

そこで、ここでの指示は、

「皆さん、貼りだされた付箋を見ながら、三つの意見に絞ってください。ただし、どの付箋がいいかを選ぶのではなく、いろいろな付箋を参考に、付箋に書き出されたことより、さらに良い意見を皆さんで三つ考えてつくってください」

と指示します。

この指示で「絞り込む」ことにより、「個人の意見を超えた意見がつくられ」「皆で考えてつくったという一体感」が生まれます。

このようにして「絞り込む」ことにより、合意に結び付く結論となっていきます。

【 第二段階　全体で投票して結論を出す 】

各グループが三つの意見に「絞り込む」と、例えば4グループあるなら全体で12の意見に絞り込まれます。しかし、12ではまだ多過ぎて結論が出たとは言えません。そこで、最後の絞り込みとして「全体での投票」を行います。実際の投票の様子は、下の写真のようになります。

グループで三つに絞ったものを「投票用の模造紙」に書き出して、それを壁に貼ります。参加者は一人3票あり「赤いシール」を3枚もらい、いいなと思う意見に貼っていきます。これが投票です。

ところが、この投票も普通にやるのとMFA的にやるのとではその結果がまるで違います。MFA的にやることで、極めて不平不満が出にくい結論となります。その投票のやり方が「投票の三つの極意」です。

投票の三つの極意

【 投票の極意1 自分のグループには貼れない 】

「自分のグループの意見には投票できない」という決まりが一つ目のルールです。このルールのおかげで結論に極めて不満が出にくくなるという、すごいルールです。

「自分の意見に貼れないのかよ〜」と思いますよね?

しかし、それは他の人たちも同じですから、このルールにより、自分たちが不利になることはありません。

そして、自分たちのグループに投票できない時の心理が大事です。

自分のグループに投票できないということは、自分をひいきすることができず、客観的に良い意見に投票することになります。そして、自分以外の人たちも「客観的に良い意見を選んでいる」わけですから、その投票結果は極めて客観的な結果となります。それ故に、結論に不満が出にくいのです。

ここで、さらに不満が出にくい投票の方法を紹介します。

それは、「自分のグループ以外に投票してください」という指示ではなく、「自分のグループ以外の意見で、この意見は進めてもいいなあと思うものに投票してください」という言い方です。

そうすると、自分たち以外の意見に対しても尊重する雰囲気が生まれます。

この二つの指示は、どちらの指示も良いのですが、「最後の結論を出すところだ」ということを明確にするには「自分のグループ以外に投票してください」と「言い切る」方がはっきりします。

「自分のグループ以外の意見で、この意見は進めてもいいなあと思うものに投票してください」という指示は、「まだこの後も話し合いが続く」イメージが生まれるために、「この投票で結論を出す」という意識が薄くなる面があります。そこで、どちらの指示を使うのかは状況によって使い分けてください。

【投票の極意2　一人3票ある】

投票結果に不満が出にくい理由の二つ目がこれです。

票数が3票あるという点がポイントです。3票とは最後の結論を出すには多いと思いませんか？ 最後は一つに絞るのですから、「一番良いと思うものに手を挙げてください」というのが多数決の時の普通のやり方です。

ところが、人間の心理上、「一つに絞れと言われてもなあ、難しいよなあ」となることが多いのです。

その場で、絞り込めないこともあります。そこで、無理に一つに絞って挙手をして決めていくと、「本当はなあ、あれもいいと思っていたんだよなあ」という後悔の気持ちが生まれてしまいます。この気持ちが結論に対する微妙な不満を生みます。

そこで、ＭＦＡメソッドでは一人「３票」としています。

そうすることで、「あれがいいと思うけど、これも悪くはないよなあ」という微妙な気持ちをすくい取ってあげることができます。「自分の気持ちを表現することができた」という満足感が生まれ、結論に対する不満が生まれにくくなります。

＜ランキング結果＞

1位（14票）	**銭湯を活かす！　交流の場（デイサービス、寄席、体操、サロン）**
2位（8票）	**自宅を開放した図書館**
3位（6票）	■■川をみんなで清掃＋避難訓練
	近所づきあいが良い。助け合いの心がある。
5位（5票）	老若男女で復活！相撲大会
6位（4票）	年齢を超えたふれあいがある町■■
	■■川と■■山　鯉流し・ゲートボール
	寺を活かす！
9位（2票）	地域の皆で集まって専用バスで
	近所づきあい　ちょっと貸して～！
	誇りある歴史がたくさん残っている
	人情愛があふれるおもてなし
	自然と伝統にあふれたまちづくり
	■■園（■■城）■■川、■■山の大自然に囲まれた我が町■■！
	伝統を大切にしている（華道、茶道など）

＊ランキング表のイメージ

【投票の極意3　ランキング表に残す】

投票結果はランキング表に残します。

こうすることにより多数決のような勝った負けたということがなくなります。

多数決の場合、負けた人の意見は消えてなくなるため不満が残りやすくなります。しかし、ランキング表に残すと、消えてなくなるわけではなく、表の中には残っているために、心理的に「しかたないな」という「合意」の気持ちが起きやすくなります。

したがって、ランキングは「上位3つ」だけにつけるとかはだめです。

できるだけたくさんランキングに残してあげることが大事で、ベスト10くらいまではランキングを付けてあげてください。人の心理として、たとえ下位のほうでもランキングに入ることはうれしいことだからです。

4　合意形成の4段階（MFAメソッド）

合意の生まれ方

　ここまで、合意に関する「最新の考え方」と「結論の出し方」を説明してきました。ここからは、具体的に合意形成はどのように図っていけばいいのかを説明したいと思いますが、その前に「合意はどのように生まれるのか？」を確認しておきたいと思います。


　一般的に、合意とは「話し合いで生まれる」と考えられています。

　つまり、話し合って良い結論を出し、それに皆が合意していくという考え方です。

　ところが、この考え方には問題があります。話し合いをどのように進行するかが、実際には個人の能力に委ねられているのが実態だからです。

　つまり、合意を図るための話し合いのスキルはほとんど確立されていないと言っていいのです。

　「いえいえ、会議のスキルはたくさんある」と思いますよね。しかし、実際には会議の本に書かれている話し合いのスキルを活用しても、なかなかうまく会議の現場を回すことができないのが実態です。

　そもそも、会議のスキルは「出された意見を整理するスキル」がほとんどで、話し合いで合意を図っていく時の「話し合いのスキル」は「誰でもこうすればできる」というレベルまでには、確立されていません。

　唯一、いろいろな本に書かれている合意を図るための話し合いのやり方は、「対立したもの同士が、お互いの意見の根拠を出し合って、お互いが納得できる案を作っていこう」ということぐらいです。

　しかし、これについては先ほども説明したように、根拠を出し合って話し合うことは、日本人には向いていません。「根拠を出し合って話すことは「自分は正しい」と主張し合うことであり、最後は喧嘩になることがあるからです。

ではどのようにして合意は生まれるのか、MFAは今までになかった全く新しい視点でこれをスキル化しました。

それは「話し合いで合意は生まれるのではない」という発想です。

これは今までの会議のスキルには全くなかった考え方です。MFAメソッドでは、「話し合いで合意は生まれる」のではなく「話し合いの〝やり方〟で合意は生まれる」と考えました。

ここでいう話し合いの「やり方」とは何でしょうか？　それが次のようなことです。

＜やり方＞

- ・ロの字型ではなくグループで
- ・口で話すより付箋に書き出す
- ・楽しい雰囲気をつくる
- ・多数決ではなく投票で決める

これらの「やり方」で話し合われて出てきた結論に対しては、人は受け入れやすいのです。

合意が図れるような「話し合いの進行のスキル」と考えるから、会議のスキルがとても難しくなっていました。そのために、誰でもできるようにスキル化をすることができていなかったのです。

しかし、**合意とは「話し合いのやり方で生まれる」**と考えたことで、個人の能力によらない、誰でもできるスキルになりました。それをMFAでは「合意形成の4段階」と呼んでいます。

合意形成の4段階

「合意形成の4段階」とは、このやり方で話し合いを進めれば、それだけで自動的に合意された結論が出るという画期的なスキルです。

【 第一段階　明るく前向きな雰囲気をつくる 】

何といっても一番大切なことがこれです。明るく前向きな雰囲気です。何回も言いますが、これなくして合意はありえません。

ところが、研修や冊子でいろいろなスキルの説明をした中で「一番大切なのは雰囲気づくりですよ」と話しても「結局は、付箋に書かせて模造紙に付箋を貼り出して意見を出し合えばいいのだな」と形骸化して勝手に理解されてしまうことがほとんどです。

そして、ＭＦＡの研修を受けて「実際にやってみたけどもうまくいかなかった」という人に話を聞くと、その原因の90％は雰囲気づくりをやっていなかったためでした。

例えば、「付箋に意見を書いてください、と言っても書いてくれませんでした」という相談がよくあります。しかし、私たちの実践現場では付箋に書いてくれないケースはほとんどありません。

明るく前向きな雰囲気をつくらないで「付箋に意見を書いてください」と言っても、それはだめです。

今まで口で話す会議に慣れていた人にとっては「付箋に書く」ことはびっくりするようなことで、突然「付箋に意見を書いてください」と言われても書けないのです。うまくいかなかった時、とにかく「雰囲気づくりをしていたか？」を振り返ってください。ほとんどの原因がそこにあります。

ちなみに、この「付箋に意見を書いてくれない」というケースでは「付箋に自分の意見を書いてください」という指示を出していることがほとんどです。

すでに説明していますが「自分の意見」を書くことは発言力の弱い人には壁です。「何でもいいので、思いついたことを、たくさん書いてください」という指示をしなければ、初めての人は「自分の意見と言われてもなあ～」と書き出すことに躊躇してしまいます。この指示を出してしまうことも形骸化の一つで、「自分の意見を付箋に書いてください」という指示を出さないように気を付けてください。

会議は雰囲気で決まる

人間の脳みそが雰囲気に左右されることは最新の脳科学でも証明されていると説明しましたが、その本当の意味は、「雰囲気次第で出てくる意見の質も変わってくる」ということです。

・堅苦しい意見が出てくるのは、堅苦しい雰囲気の会議をしているからです。
・つまらない意見が出てくるのは、つまらない雰囲気の会議をしているからです。
・ありきたりな意見が出るのは、ありきたりな雰囲気の会議をしているからです。

明るく前向きな意見がほしければ「明るく前向きな雰囲気の中で話し合う」必要があるのです。だからこそ、雰囲気を大事にしていかないといけないのです。

この明るく前向きな雰囲気をつくるうえで、最も大切なことは「会場の設営」です。

殺風景な会場で話し合っていては、殺風景な意見しか出ません。明るく前向きな未来について語り合うならば、明るく前向きな雰囲気の会場をつくることです。逆に言うとそれだけで出てくる意見が劇的に変わってきます。

そのために、MFAメソッドでは「会場の設営・飾りつけ」を非常に大切にしており、そのスキルも細かいところまで確立しています。

ところが、残念なことに、「会場の設営・飾りつけ」を会議のスキルと考えない人が多くいます。「会議のおまけ」のようにとらえているのです。そうではなく、「会場の設営・飾りつけ」こそ会議を成功させる土台をつくる最も大切なことだとしっかりと理解してください。

このあとの第二段階、第三段階、第四段階のスキルだけを取り出して実践しようとしても、雰囲気づくりをしっかりやっておかないと座談会はうまくいきません。その具体的な会場の設営や飾りつけについては、後から説明していきます。

【第二段階　付箋を使って話し合う】

■グループをつくる
■テーブルクロスを敷く
■壁に資料を貼る
■お菓子山盛り
■服装がラフ

飾りつけられた会場の様子

基本的な飾りつけ

言いたいことが十分に言えている会議でなければ、合意は生まれません。これについては「合意のための三つの条件」で、詳しく先述しています。
繰り返しになりますが、「全員が発言する会議」というとそれだけで素晴らしい会議ではあるのですが、目指すことは「全員発言」ではなく、「言いたいことが十分に言える会議」です。具体的には、「付箋に書き出して、グループで話し合う」ことが大事だということです。

ちなみに、「そんなこと言っても、全体の場で発言していないから満足できないじゃないか？」と思う方もいると思います。
ところが、先ほども説明したように、人間の心理として「たとえ全体で話せなくても、グループの中で発言することができたというだけで、会議の中で意見を言えたという満足感が生まれる」のです。この心理はとても大切です。

また、全体の場で1回か2回発言するよりも、グループの中で何回も発言する方が満足度が高くなります。そういう意味で、言いたいことを十分に発言するためには「グループをつくって話し合う」ことが必要なのです。

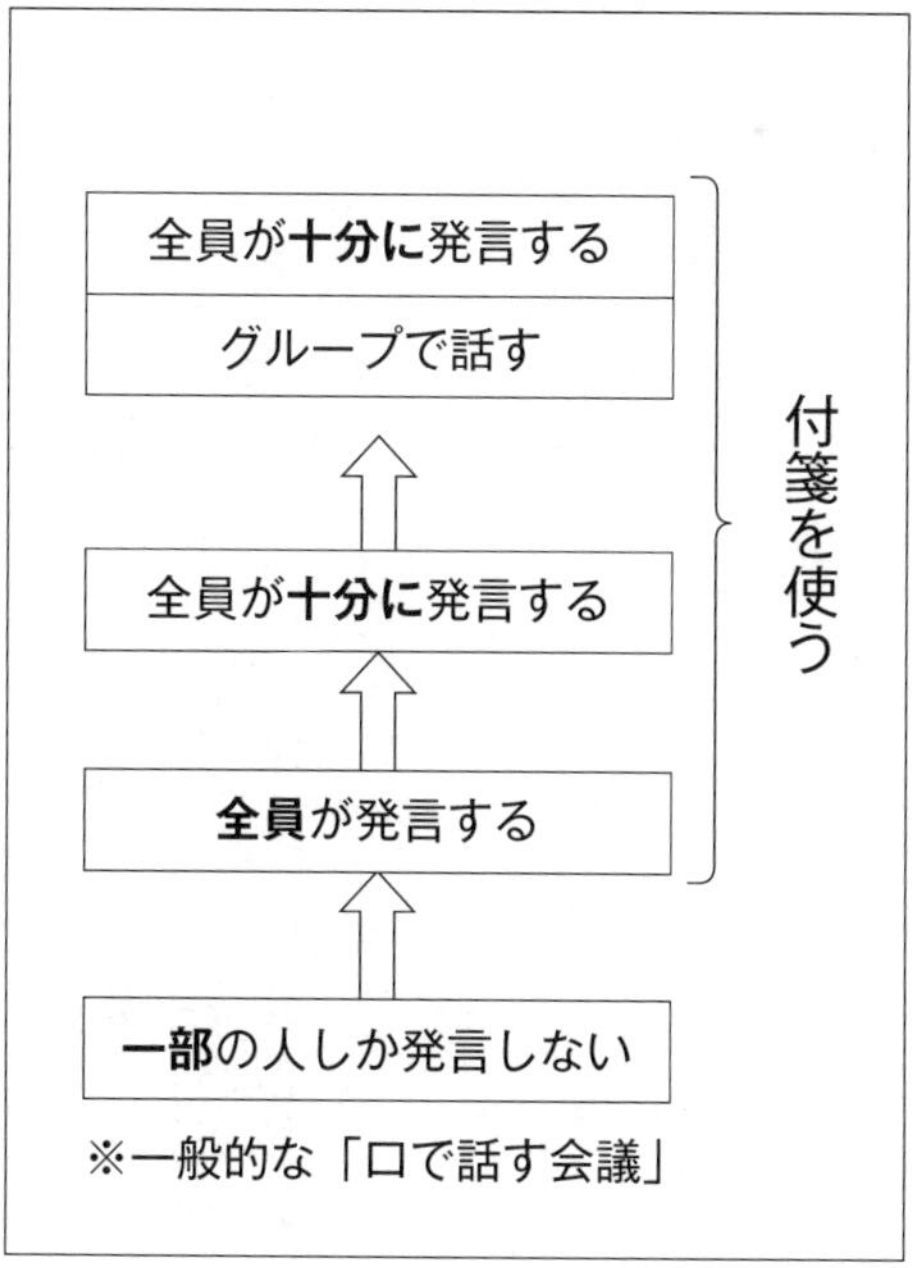

【第三段階　自分たちで意見の整理をする】

会議において、最も大切なスキルは9～11頁にも書きましたが、参加者の主体性を引き出していくスキルです。

参加者の主体性を引き出すことで「時間内に結論を出すように自分たちで意見を出し合おう」とか「決まった結論を守っていこう」という意識が生まれるからです。

つまり、主体性をいかに引き出すかが会議の本質的なスキルなのです。

ところが、一般的に言われている会議のスキルは「意見を整理するスキル」であり、「主体性を引き出すにはどうしたらいいか」という観点には基づいていません。

それは、日本で広まっている会議のスキルが欧米型で、もともと主体性があることを前提とされているからです。

では、人の主体性はどうやって引き出したら良いのでしょうか?

組織をマネジメントするリーダーのスキルや子育てや教育のスキルとして、主体性を引き出すことはあらゆる分野の永遠のテーマとなっています。そのくらい難しいこととされています。

ＭＦＡはこのテーマについて、「人の行動原理」から考えました。人はいつ自分から行動するのでしょうか?

・褒められた時
・人から認められた時
・目的意識を持った時

などいろいろあります。

その中でも、人が自分から動き出す最も大きな要素は「楽しさ」です。

人は楽しい時に動くのです!

したがって 会議もできるだけ楽しくやることで、参加者の主体性を引き出し「時間内に結論を出すようになり」「出た結論を守るようになる」のです。

さらに、自分たちで会議の結論を出そうという意識を持つことにより、言いたいことを言い合うだけでなく、合意形成を自分たちで図っていこうという意識になっていきます。

そして、主体性を引き出すための会議ならではの方法が「自分たちで意見を整理する」ことです。詳しくは10~11頁をご参照ください。

【 第四段階　投票で決める 】

さて、これまで次のことを説明してきました。

・第一段階　明るく前向きな雰囲気をつくる
・第二段階　付箋を使って話し合う
・第三段階　自分たちで意見の整理をする

後は、最後の「絞り込み」です。つまり「結論を出す」ということです。

投票については、33~38頁で説明しています。ここでは、投票する時のさらに細かいコツをご紹介します。

投票する時には「投票の二つのルール」があります。投票の前にこの二つのルールを説明してください。

1　自分のグループには貼れません。
2　一つの項目には1票しか貼れません。

1についてはすでに説明した通りです。2は、一つの項目に2票も3票も貼ってはいけないということです。三つの票はそれぞれバラバラの項目に投票しなければなりません。

そして、投票する時には、これがその日の座談会の最後だという雰囲気を出すようにします。

そのためには、「ＢＧＭを流す」ことが効果的です。

そうすることで、これで最後の結論を出す場という雰囲気が会場に生まれます。この投票している時の緊張感こそ最高の一体感です。まさにみんなで話し合ってきたという雰囲気に会場が包まれる素晴らしい時間となります。そういう意味でＢＧＭは必須と考えてください。

【投票が終わった後にやる二つのこと】

投票が終わった後に大切なことが二つあります。

1　投票結果が出た後の「講評」

この講評が非常に大切です。ところが、実際は担当者が、主催者の誰かに「コメントをお願いします」とだけ言って、すましていることがほとんどです。これはまずいです。

そして、よくあることが講評をする人が、投票結果はそっちのけで、自分の言いたいことをだらだらと話してしまうケースです。そうなると、せっかくのＭＦＡ型座談会で盛り上がった気持ちが台無しになってしまいます。

そこで、誰に最後のコメントを言ってもらうか、どのようなコメントを言ってもらうかを事前に打ち合わせておくようにしてください。

打ち合わせの内容は次のようなことになります。

①　最初に、投票結果で1位をとったものについて一言コメントしてもらいます。

②　次に、投票結果は下位であるものの、「これはいいな」と思ったものについてコメントしてもらいます。

③　最後は、「今回のようなみんなが発言できる座談会は本当に素晴らしかった。このような座談会は今後も続けていきたいと思ってい

ます」というような締めの言葉をもらいます。

この最後の一言がとても大切で、この言葉がMFA型座談会をその後も進めていく土台となります。

2 ランキング表の活用

投票によりランキングはできますが、その場でランキング表が作れるわけではありません。ランキング表は座談会の後に事務局が作ることになります。表になった「ランキング」を見ることで、新たにいろいろなアイデアが生まれたり、座談会の話し合いを振り返るきっかけとなります。

したがって、ランキング表はできるだけ早く事務局が作り、次の日には関係者に送るようにするのが理想です。

ここで大切なことは、関係者だけでなく、地域の人たちにも、回覧板のような形で見てもらうようにすることです。このようにして、座談会を開催していることを関係者だけでなく、地域の人に知ってもらうことが大切です。

そして、ランキング表には、座談会の様子が分かる写真を必ず付けてください。

一般的には座談会は堅苦しいものだと思われていますが、写真が付いていることで「座談会といっても堅苦しいものではなく、こんなに楽しい雰囲気でやっているんだ」ということを地域に知らしめることができるからです。こうしたことがとても大切です。

「地域計画」は、単に優良農地をなんとかしていこうという計画を作ることではなく、未来に生き残っていく地域の農業や地域の将来を創っていくための「地域に開かれた農業」についての話し合いの場です。

その具体的な実践の一つが、「写真付きのランキング表を地域の人にも配る」ことです。できるだけ多くの人に配布するように自治会長さんなどの協力を得ながら実施してください。

【 投票を盛り上げる発表のコツ 】

最後の投票は座談会の中で最も盛り上がる場となります。付箋に書き込み、皆で共有し、絞り込みをしていますので、参加者の気持ちは一体となっていますが、さらに投票を盛り上げる方法があります。これをするのとしないのでは全く違ってきます。

それは、各グループが三つにまとめたものを全体に向けて発表する時です。この発表を盛り上げることで投票の雰囲気が変わります。

そして、発表を盛り上げるために一番良いのが「発表する前に、どのように発表するかをグループで考える作戦会議の時間を取ること」です。

ただ単に「各グループ2分で発表してもらいます」と言うだけですと、模造紙に書かれたものを淡々と喋って終わってしまい、盛り上がりません。現場的にはこれが多いのです。これを「形骸化」と言います。

常に、「ただやる」のではなく「少しでも盛り上げるようにやるにはどうしたらいいか?」を考えながら実践してください。

具体的には「発表のために5分間作戦タイムを取りますので、できるだけ多くの人に投票をしてもらえるような発表の仕方を考えてみてくださ い」と指示を出します。

するとこの作戦会議の5分間がとても盛り上がります。

そして、この作戦会議が盛り上がることにより、発表が盛り上がり、投票が盛り上がることにつながります。

作戦会議の時にする指示のコツは、「できるだけ票が入るように皆で工夫してください」とはっきり言うことです。私たちがやる場合は「投票結果でほとんど票が入らなかったらとても恥ずかしい思いをしますよ」とまで言っています。この言葉は、少しきつい言葉のようですが、場が盛り上がっていると、この言葉を言うと会場が笑いに包まれるものです。

さらに、5分間の作戦会議の間に、ファシリテーターが参加者に指示を出した後は、グループにお任せで、何もしないのはいけません。作戦会議の時は、各グループを回って、具体的に発表の仕方を個別にアドバイスして回ることが大切です。

例えば、

・「一人で説明するのではなく、グループの人皆が一言ずつ分担してしゃべるといいですよね」とか
・「ここはとても大切なので、○○さんが気合を入れて話すといいですね」

といった感じです。

ちなみに、発表が始まったら2分間の発表時間の管理はファシリテーターがやってはいけません。

発表するグループの中の一人が時計係となって2分を管理します。発表の運営もグループ全員で分担することが「一体感と主体性」を生みます。発表時のグループ内の分担は、

・発表係1人（場合によっては全員で）
・時計係1人
・模造紙を持つ係2〜4人ほど（人手が足りないときはスタッフが補助）

発表時間の守らせ方は、スキルマスター研修（82〜84頁参照）でも話していますが、時計係は自分で時計を見ていてはいけません。時計係は「時計を発表係が見えるように向けて」持っているのが仕事です。

つまり、発表の2分間を管理するのは発表係が自分でやるのです。こうすることで、2分をオーバーすることはほとんどなくなります。そして、楽しいのに「けじめのある発表」の場となります。

そして、発表の時に大切なことは、「拍手」をすることです。発表の場は拍手をする機会がたくさんあります。ファシリテーターは、たくさん拍手をさせて発表の場を盛り上げるようにしてください。

5　場の雰囲気をつくる12のコツ

ＭＦＡ型座談会を成功させるために、皆さんに是非、伝えたいことがあります。それは

・ＭＦＡメソッドを形骸化させないでください。
・ＭＦＡメソッドの本質を理解し、実行してください。

ということです。

ここまで何度か説明したように、ＭＦＡメソッドのやり方をスキルマスター研修等で学んで「なんだ、結局、付箋に意見を書いてまとめるだけではないか」「それでいいなら、既にやっている」と、そこだけを覚えて、そこだけを実践する人が多いのです。それ故にうまくいかないのです。

実践してうまくいかなかった場合、まず、「合意形成の４段階」の第１段階：明るく前向きな雰囲気づくりをしっかり実行していたかを振り返ってください。逆に言うと、この「雰囲気づくり」さえきちんとできれば、座談会はほぼ成功すると言えるでしょう。

雰囲気をつくることの大切さをどのぐらい理解し実行しているかがプロと素人の違いです

私達は雰囲気づくりこそ命と分かっていますので、雰囲気づくりのために可能な限りの努力をします。

ところが、研修を受けた人たちは、例えば「今日は時間がないからアイスブレイクはやれませんでした」とか「会場がうまく確保できなかったので、会場の飾りつけはできませんでした」と言います。「付箋に意見を書いてもらってまとめれば座談会をやったことになる」と考えているからです。そうではありません。

ここからは、私たちが実践している雰囲気づくりのコツをご紹介していきます。これが、ＭＦＡ

メソッドの土台であり、座談会の成功の秘訣です。

【アイスブレイクだけが雰囲気づくりではない】

雰囲気づくりというと、皆さんがまず思い浮かべるのはアイスブレイクではないかと思います。集まった人たちにクイズやゲームをしてもらって硬い雰囲気を溶かしていくのがアイスブレイクです。

しかし、私たちはアイスブレイクとは「雰囲気づくりのためにたくさんやることの中の一つの方法」に過ぎないと考えています。

また、「楽しい雰囲気」をつくるということは、一歩間違えると、「楽しい話し合い」に慣れてない人たちからは会場に入った瞬間に「なんだこれは！」と、ドン引きされてしまうことがあります。「会議とは堅苦しいもの」と思っている人たちにとって、楽しい雰囲気でやっていくことは、何かふざけているというイメージになってしまうからです。

そうならないような雰囲気づくりをしていくことも必要で、ＭＦＡの雰囲気づくりのメソッドは「ドン引きされないように雰囲気をつくるコツ」となっている点も特徴です。

そこまで考えて作られています。

それができるのは、ＭＦＡが頭でっかちの団体ではなく、多くの対話の場を実践する中で、対話のスキルを作り上げてきたからです。

ＭＦＡ型座談会を導入する時の説明のコツ

地域で初めてＭＦＡ式座談会をやろうとして地域のキーマンに説明する時に気を付けていただきたいことがあります。

ともすると、研修を受けた人は「楽しい雰囲気の座談会をやってみたいんです」と説明してしまいます。ところが、それを言うと、堅苦しい会議しか経験していなかった人たちは「座談会は楽しくなくていい。楽しいなんてそんないい加減なことは駄目だ」と否定してくることがあります。これはよく起きることです。ですから、ＭＦＡ型座談会を導入するために地域のキーマンに初めて説明をする時には「楽しい」ではなく、**「全員が発言できる」を強調するようにして、**「参加者が全員発言できる座談会をやりたいんです」と説明するようにしてください。全員発言できる座談会のほうが受け入れやすいからです。

また、「楽しい雰囲気」という言葉に抵抗がある場合は「楽しい」ではなく「明るく前向きな雰囲気」という言葉で説明しても構いません。

さらに、「明るく前向きな雰囲気」でもまだ軽い言い方だという場合は「参加者の主体性を引き出す座談会」という説明をしてください。

どれでも、同じ意味です。しかし、一番良いのは「参加者が全員発言できる座談会」です。

今回、数ある雰囲気づくりのコツの中でも、特に座談会で実践してほしい基本的なものを12紹介します。

実際には一つ一つに細かいテクニックがあり、それを全部文章で説明するのには限界がありますので、皆さんが、これを読んで現場に合わせて工夫しながら実践しください。

12のコツとは次のものです。

雰囲気づくりの極意

■第一段階：事前の仕掛け

1．楽しいチラシ
2．参加者の集め方
3．グループ分け
4．会場の設営
5．会場の飾りつけ
6．開始 15 分前に来てもらう

■第二段階：15 分前からの仕掛け

7．五感の活用
8．司会のアナウンス
9．アイスブレイク
10．グループの自己紹介（近況報告）
11．主催者挨拶
12．プレゼント大会

まず、雰囲気づくりは「二段階」に分けて行います。座談会の当日にやるわけではないのです。それでは、良い雰囲気づくりを実現するためには全く手遅れです。

雰囲気づくりには、座談会が始まる前からたくさんやることがあります。それが雰囲気づくりの第一段階で「事前の仕掛け」と言います。

実は、この事前の仕掛けは、当日の仕掛けよりもやることがたくさんあります。そして、次が第二段階として「当日15分前からの仕掛け」です。

雰囲気づくりはアイスブレイクでやるんだという考えは、「雰囲気づくりは、当日やればいい」という考えで、それだけでは十分ではありません。アイスブレイクとは、12ある「雰囲気づくりの極意」の、たった一つにすぎません。ですから、アイスブレイクだけで雰囲気ができるものではないのです。

それでは、まず第一段階「事前の仕掛け」から説明していきます。

【1　楽しいチラシ】

まず、あらゆる雰囲気づくりの中で、一番最初にやることがチラシ作りです。「え〜、チラシなんか作るのか」と思いますよね。

しかし、チラシを作らないで開催すると失敗します。「楽しい雰囲気の座談会」には、チラシは必須です。

これを作らないでやりますと、楽しい雰囲気で飾りつけされた会場に入った瞬間、参加者の一部はビックリしてしまい「ドン引き」する人が出てしまうことがあるのです。

いつものような硬苦しい座談会だと思って来た参加者は、楽しい雰囲気の会場を見て二つの反応を示します。一つが、「お〜、いいな〜」と感じる人、もう一つが「何だこれは〜」とマイナスに思う人です。

特に、マイナスの反応を示す人の心理には「聞いてなかったぞ」というものがあります。

「聞いてなかった」ということは、いろいろなことを行う際に、一番揉める原因で、楽しい座談会をやろうという時も、ここに気をつけなくてはいけません。自分が全然聞いていなかったことを突然やられると、人はそれを受け入れようとしなくなるのです。

したがって、チラシを作って事前に配布しておき、「今回はいつもと違ってかなり楽しい雰囲気でやる」ということを知らしめておくことが必須なのです。

なお、チラシについては毎回作っていると大変ですので、ＭＦＡで見本を用意しています（92〜97頁参照）。連絡していただければ差し上げます。その見本となるチラシの、日にちですとか主催者ですとか、細かいことを書き直して使っていただいて構いません。

また、チラシとともに配ってほしいのがＭＦＡ型座談会について取り上げた全国農業新聞の記事です。

町の枠超え地域活性化へ合同で「話し合い」の進め方を研修　大分・九重町農業委員会、玖珠町農業委員会（２０２３年１月13日）

https://www.nca.or.jp/shinbun/agricultural-committee/11598/

楽しい雰囲気で誰もが発言　若手農業者を全員参加型の意見交換　佐賀みやき町農業委員会（２０２０年３月20日）

https://www.nca.or.jp/shinbun/agricultural-committee/8142/

これをチラシと一緒に送ることにより、こういう雰囲気でやるんだということが事前に伝わります。

【２　参加者の集め方】

次に参加者の集め方がとても大切です。基本的に「農業委員・推進委員でやるんだ」と考えるのは違います。座談会を、「いつもの関係者を集めて開く」と考えるのではなく、真に地域のためになる「地域計画」を目指すなら、これからの地域の未来を語り合う場だという発想で「若者や女性」も集める工夫を最大限してください。

具体的には、農家の人だけで話し合うのではなく、農家以外の地域のキーマンや地域の農業に興味のある人には、是非参加してもらってください。

例えば、自治会長さんに参加してもらうとか、地域のことをよく知っているという意味で民生委員の方に参加してもらうことは良いことです。さらに、地域の人でないとしても、その地域に興味や関心を持っている人や地域のＮＰＯの人が参加しても構いません。

このように「関係者以外の人も一緒にやること」をまちづくりでは「協働」と言います。関係者だけでなくいろいろな人と一緒になって問題を考えていこうということです。

「協働」の視点は「問題を解決するための新しい視点」として、全国の市町村の「総合計画」には「協働によるまちづくりを進める」などの市町村のものにも書かれています。そのくらい、「協働」という視点は広まっているのです。

農業の課題も、今までのやり方と一歩違ったやり方を目指すには「協働」の視点で進めることが、既存の農業の課題の解決を進めることになるはずです。その第一歩が「座談会に、いつもと違う人に参加してもらう」ことです。この時、「いつもと違う人」は、1~2人いるだけでも変わります。まずははじめから何人もの人にと考えないで、まずは1~2人に参加してもらうことから考えてください。

実は、農業だけでなく「既存の硬直した会議を変えるには、新しいメンバーを入れてみる」ことは会議変革の王道です。いつもと同じメンバーの会議を変えるのは大変ですが、私たちの経験からすると、たった一人でも、新しい人がいるだけで場の雰囲気は変わります。

では、地域の農業に興味を持っている人は誰かということで一つ提案です。

子育てを頑張っているママさんたちを誘ってみてください。

ママさんたちは子供達に自然に接してほしいと思っている人が多いです。特に子育て系の活動をグループでしているママさんたちはとても行動的で、忙しい中でも一緒に活動してくれます。

一度、地域の子育て系の活動をしているママさんのグループに座談会に参加するように声をかけてみてください。さらに言うなら、地域の女性の農業委員・推進委員さんには、子育て系の活動をしている人がいることもあります。

＊ここでの参加者の集め方は「将来像を語り合う座談会」のときのことです。MFAでは地域計画の座談会には2つあると提案しています。最初に「将来像を語り合う座談会」を開催し、次の「目標地図を語り合う座談会」にするように

しています。この2つの座談会は集める参加者が違います。ここで紹介した例は最初にやる「将来像を語り合う座談会」の場合です。このあとやる「目標地図を語り合う座談会」の場合は、「10年後に耕作する候補者」を集めるようにします。詳しくは、「こうやった！目標地図の座談会」（全国農業図書）を読んでください。

【3　グループ分け】

座談会参加者のグループ分けですが、どのようなメンバーでグループをつくるのかで会場の雰囲気が変わります。

ところが、ほとんどは当日「好きなところにお座りください」と適当に座ってもらうようなやり方です。それは駄目です。

ＭＦＡと仕事をしたことがある方は分かると思いますが、私たちはグループ分けを、担当者がびっくりするほど考え抜いて作ります。どの人とどの人が同じグループになると、そのグループはどういう雰囲気になるかを予測して、事前に事務局や主催者でグループ分けしておくことが座談会を成功させるためには必要です。

グループ分けのコツとして原則は「できるだけバラバラなもの同士でグループをつくる」ことです。

・性別もバラバラ
・年齢もバラバラ
・地区もバラバラ

と、できるだけバラバラにしたほうが話し合いはうまくいきます。

そして、必ず守らないといけないことが「仲の良い者同士は、別々のグループにする」ことです。仲良しが同じグループになると仲良し同士が勝手な話を始めてしまい、全体のまとまりを作ることができにくくなるからです。

【 4　会場の設営 】

会場の設営については、たくさんのノウハウがあります。ＭＦＡは、会場の設営が話し合いの土台を作ると考えて「会場の設営方法」も重要なファシリテーションのスキルと考えています。そこを、できるだけたくさん紹介したいのですが、本書で紹介できる数には限界があります。

そこで、特に大切なことだけをいくつか紹介します。

まず、グループをつくる時は

「グループ同士の間隔はできるだけ空けない」

ようにしてください。

「ゆったりよりも、狭いほうが良い」のです。私たちがやると、参加者から「狭いなあ」と言われることがあります。そのくらい「狭く」設営します。なぜならば、間隔を広く空けますと、一体感が作りにくくなるからです。狭苦しい会場ほど一体感は生まれやすくなります。

＊ただし、昨今の新型コロナ禍では密な状況を作り出すことは好ましくありません。新型コロナ禍での進め方については、後ほど詳しく説明します。

そうすると「狭苦しい会場にすると隣のグループの話し合っている声が聞こえて、話し合いがやりにくくなるのでは」という人がいます。しかし、それは大丈夫です。実際には、隣のグループが話し合ってる声が聞こえる方が「おい、隣のグループはこんなことを話し合ってるぞ」と聞き耳をたてるようになり、楽しい雰囲気が生まれ、全体の一体感も生まれてくるからです。

【 5　会場の飾りつけ 】

会場の飾りつけのノウハウも、ＭＦＡには本書にはとても書ききれないほどたくさんあります。飾りつけもファシリテーションのスキルと考えているからです。

会場の飾りつけは雰囲気づくりのスキルとして、一番大切なものですので、ここでは、最低限これだけはやってほしいということを説明していきます。

・テーブルクロスは必須

長机を2台並べてグループをつくりますが、必ず机の上に「テーブルクロス」を敷くようにします。何も敷いていない茶色の机の上で話し合っても「茶色の意見」が飛び交うだけです。明るく前向きな雰囲気はテーブルクロスで決まります。

逆に言うと、テーブルクロスを敷くだけで場の雰囲気は一気に変わりますので、必ずやってください。

テーブルクロスは100円ショップで売っているもので構いません。テーブルクロスの色や柄は、できるだけ濃い色を選んでください。その方が会場に締まりが出ます。白のテーブルクロスは形式的な雰囲気になるのでやめたほうが良いです。

一番良いのはボタニカルな「緑色の植物の柄」のあるテーブルクロスで、これはまさに農業という感じになります。これも有名な100円ショップに売っています。

・小さな花

100円ショップでもう一つ買ってほしいのが「小さな花」です。グループの机の上には必ず小さな花を2~3個は置くようにしてください。

あるいは、おもちゃのニンジンやトマトなどの野菜を置くようにすると農業の話し合いらしくなります。ちなみに、大きな花はやめたほうが無難です。大きな花を置くと、その意味を理解していない参加者の誰かが「この花のお金はどこからでたんだ?」と言い出すからです。安い花が良いのです。それでも、十分に良い雰囲気はつくれます。

そして、もっと良いのが「実物の花や野菜を置くこと」です。

私たちがやる場合は、極力地元の人にお願いして生の野菜や果物を机の上に置くようにしたり、生の花を持ってきてもらって飾るようにします。実物の物を置くと場の雰囲気が一気に良くなります。また柑橘系の果物を置くとその香りが会場中に広まりとても良い雰囲気になります。ぜひ、いろいろ工夫するようにしてください。

・お茶やお菓子を置く

座談会ではお茶やお菓子を必ず用意してください。そして、お菓子は食べきれないほど用意するのがコツです。

実際になかなか食べきれるものではありませんので残ってしまうことになりますが、それで構いません。

お菓子は会場の雰囲気をつくるための「飾り」と考えてください。山のようなお菓子が置いてあると楽しい雰囲気が生まれます。そして、残ったお菓子は座談会が終わったら、参加した人たちにお土産として持って帰ってもらうようにします。

・座談会のルールなどが書かれた模造紙を貼る

座談会の運営とか注意事項やキャッチコピーを模造紙に書いて壁に貼っておくことが飾りつけになります。

ただし、この模造紙の書き方にはコツがあります。単に黒の文字だけで書くと堅苦しい雰囲気になります。そこで、模造紙に書くときは必ず色のついた文字で、少しでいいので漫画やイラストを描いておくことが大事です。

このような「色のついた文字と漫画が描かれた模造紙」は、会場を明るくする最高の飾りつけであり、どんなにまじめにきちんと話し合うことが大事だと思っている人でも、話し合いのルールなど必要事項が書いてある模造紙ですので、それらを貼ることに反対することはありません。これが「ドン引きされない飾りつけ」ということです。

そして、なんといっても「地域計画」の座談会では、意向調査をまとめた地図を机の上に置いたり、壁に貼ることになります。この地図を貼ると

↓模造紙が貼ってある様子

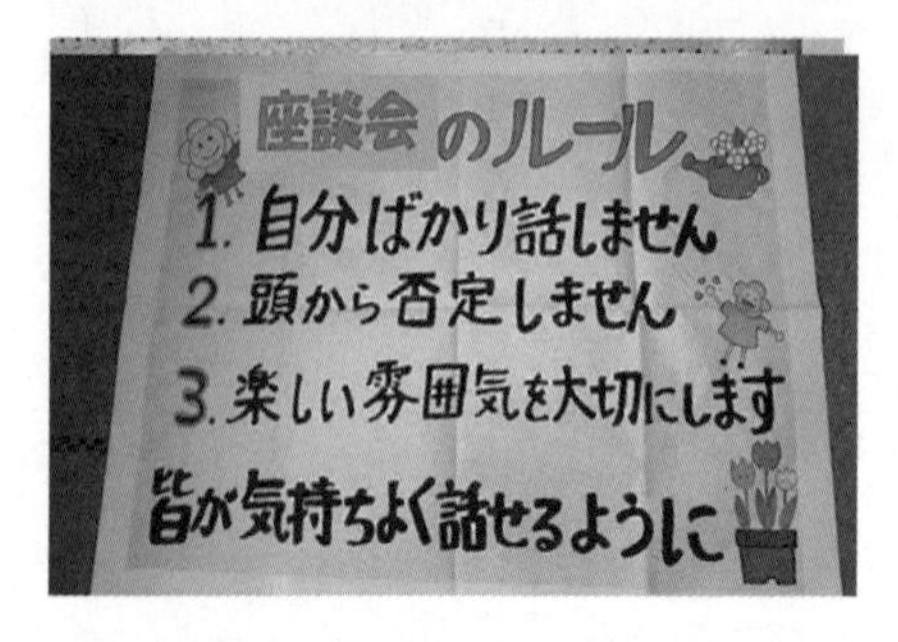

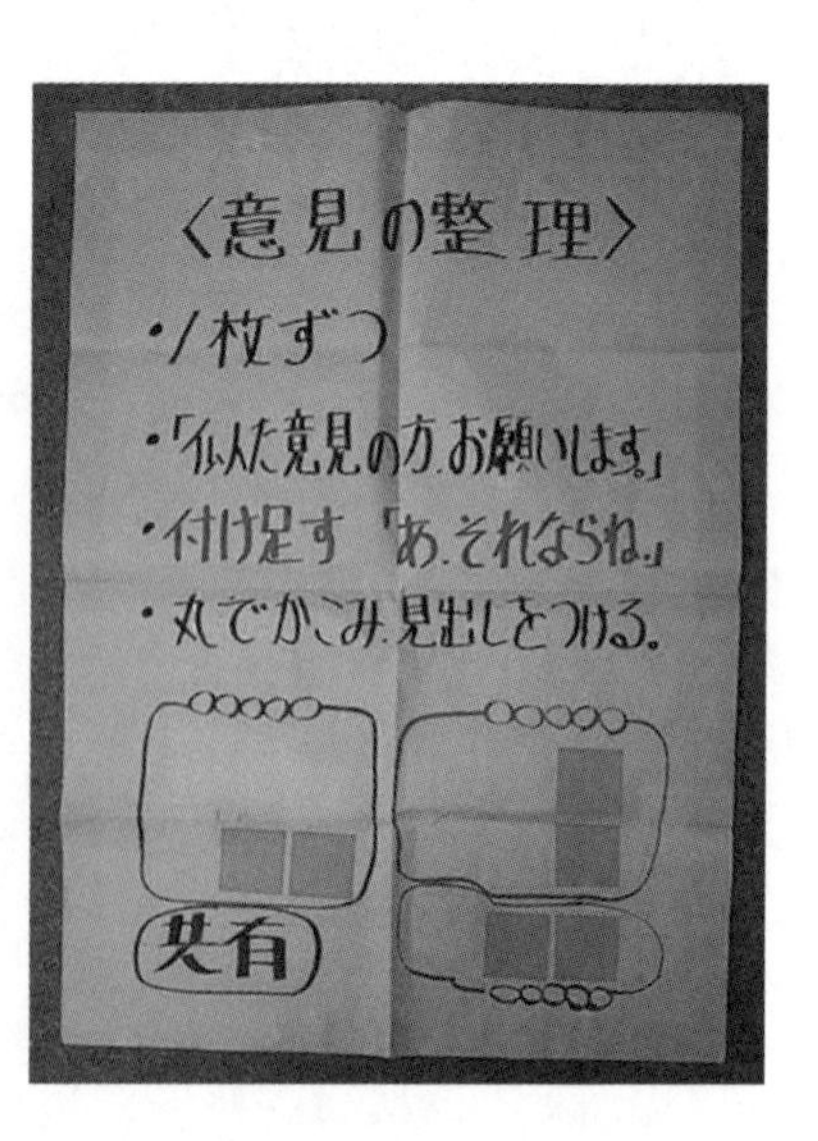

いうことは、場の雰囲気をつくる上でとても良い効果を発揮します。

以上、ここで説明したことは必須事項です。これをやらないで実践して「うまくいかなかった」とは言わないでください。

そして、ここで説明したことは「どんなに堅苦しい座談会」でも、文句を言われたり、ドン引きされることはありません。

私たちは、多くの実践からドン引きされるかされないかのギリギリの、どこまでやっていいかを追求しました。たどり着いたのがこの飾りつけの方法です。これこそＭＦＡメソッドの真骨頂と言えるのです。

さらに、座談会も2回目、3回目となって楽しい雰囲気に慣れてきたら、もっともっと楽しい雰囲気を工夫するようにしてください。「明るく楽しい雰囲気の座談会」が「明るい未来の農業」「明るい未来の地域」を創っていくのです。

【 6 開始15分前に来てもらう 】

当日は、開始15分前には会場に来るように徹底してお願いをしておくことが大事です。参加者が開始時間ぎりぎりに集まってくると「場の雰囲気づくり」ができないためにうまくいかないからです。15分前から来て楽しい雰囲気に馴染んでもらうことが大切です。

そのためには、座談会の主催者やキーマンとなる人が、個別に「必ず15分前には来て下さい」と念を押してお願いしておくことが大切です。

【 7 五感の活用 】

五感をフルに活用して場を作ることが飾りつけのコツです。

例えば、先ほども説明した柑橘系の果物を置いておくとか、あるいはコーヒーやお茶の香りを会場の中に漂わせると会場がとても良い雰囲気になります。

また、始まる前には必ずBGMを流しておくことも大事で、会議の時に音楽が流れるだけで「お、今日の座談会はちょっと違うな」という雰囲気を醸し出します。

そして、とにかく「綺麗な色の物」を何でもいいので会場の中に置くように工夫してください。

一般的には座談会は、地元の公民館とか会議室でやることになりますが、そういう場所は、グレーや茶色でできています。とても殺風景なのです。何でもいいので綺麗な色のついたものを用意することで鮮やかな会場になります。

【 8 司会のアナウンス 】

実は、座談会の雰囲気を決めるのは、最初に話をする司会の雰囲気です。

開始前の司会のアナウンスが明るく爽やかであれば、それに比例して場の雰囲気も明るくなります。

ところが、既存の座談会や話し合いを見ていると、司会が事務的に淡々と進めることが殆どです。それが話し合いを暗いものにしているということに気がついていません。

司会は明るい雰囲気で話す。

これは絶対的に必要なことです。

「大事なことを話し合うのだから、まじめな口調で話さないといけない」と考えるのは間違いです。研修でも強調して話していますが、「難しいテーマを、明るく前向きに話し合う」ことが大事なのです。

司会が、座談会の開始前の事務連絡を「明るい雰囲気で話す」ことで、自然に場が明るくなります。

「皆さん、お茶を各自取りに行ってください」
「資料はありますか?」
「始まるまでは、グループの方と自由に話していてください」

など、明るくアナウンスしてみてください。

そして、司会はぶっつけ本番でやるのではなく、明るく言えるような練習を事前に必ずしておきましょう。

【9　アイスブレイク】

座談会では、簡単なアイスブレイクを行ってください。

ただし、普通のアイスブレイクのようなゲームやクイズをやっては「何でこんなことをするんだ」と言われてしまいます。

そこで、一番良いのは「地域の問題を4択クイズで出題する」ことです。地域に関する問題ですから、参加者は興味を持って取り組んでくれて、とても良い雰囲気になります。

【10　グループの自己紹介（近況報告）】

そして、グループ内での自己紹介が大切です。

ほとんどが知り合いの場合は「一人1分の近況報告」をやります。

ここで一言でも口を開いて話をすることが、本番の話し合いで話をする準備になります。何も喋らないまま本番に入ってしまうと、ただでさえ一部の人しか話さないのに、「発言しないでいいという雰囲気」ができてしまいます。そうならないためにも、まず自己紹介をすることで発言をさせ、一度は話をするようにしておきます。

自己紹介については、私どものスキルマスター研修を受けた人たちは実際の様子が分かると思うのですが、とにかく明るく前向きな雰囲気で進めるようにしてください。

そのために「めでたい話や良い話が出た時に必ず拍手をするようにしてください」と指示を出しておきましょう。

できれば、自己紹介の前に、ファシリテーターが何か良いことを言って、その時に拍手をしてもらうなど「拍手の練習」を一度してから自己紹介に入ると良いです。

そうすることで、実際の話し合いの場でも何か良い発言が出た時に、自然に拍手が起きるようになります。

【 11 主催者挨拶 】

良い雰囲気をつくるためには、座談会の始めの主催者の挨拶がとても大事です。

単に主催者の方に、「主催者挨拶をお願いします」と頼むだけではだめです。

どんなことを言ってほしいかを、担当者は主催者にきちんと伝えるようにしてください。

例えば、
「今日はいつもと雰囲気が違いますね。気軽に楽しく話し合ってください」とか
「お茶やお菓子も準備されていますので、自由にどんどん食べながら話し合ってください」
といった内容です。

【 12 プレゼント大会 】

話し合いの最後はプレゼント大会で締めます。

約2時間の座談会を頑張った最後の締めくくりとして、全員でじゃんけんをして勝った人に何かプレゼントをあげるという「プレゼント大会」をすると、最後の締めとして盛り上がって終われます。

私たちはこのプレゼント大会を非常に大切にしています。最後に楽しい雰囲気で終われば、その時の座談会全体のイメージを良いものとして終わることになるからです。


また、プレゼントを誰にあげるかを「じゃんけん」で決めることがミソです。じゃんけんは場の雰囲気を盛り上げる鉄板ネタです。じゃんけん大会は必ず盛り上がります。すべることがありません。したがって、最後に「じゃんけん」をするという終わり方はとても良い方法なのです。

6 ワークショップ型説明会のコツ ～五つの話し合いのレベル～

ここまで、「地域計画」のための「全員が発言できる対話の場」のつくり方を説明してきました。

しかし、みんなが集まっていろいろ考える場には「対話の場（座談会）」だけでなく、「説明会」もあります。

実際には、「対話の場（座談会）」と「説明会」は違うものですが、この二つの違いを理解していないことがほとんどです。

さらに、説明会の場合は「修羅場」になることもよくあります。これは、説明をする側の主催者が「説明会」の進め方を知らないために、100年前とほとんど同じやり方で開催していることが原因です。

今回説明したMFA型座談会のスキルを活用することで「説明会」をもっと前向きな場に変えることができます。それを「ワークショップ型説明会」と言います。地域の未来を考える説明会が修羅場にならないように、その方法を説明します。

そもそも「対話の場（座談会）」と「説明会」はどう違うのか、そこから説明していきたいと思います。

まずは次の表を見てください。

この表を見ていただくと分かるようにレベル1

五つの話し合いのレベル

■レベル１：連絡・報告会

■レベル２：説明会（理解を求める場）

■レベル３：参加者の意見を聞く場

■レベル４：意見を言い合う場（会議）

■レベル５：思いを語り合う場（対話）

レベル３までは会議とは言わないんだよなあ～。

からレベル3までは会議と言いません。

会議とは、ウィキペディアによると「議題に関して意見交換・審議し、意思決定をすること」とされています。しかし、レベル1からレベル3は、質問があり、それに答えるやりとりはあっても、意見交換をしたり、そこで意思決定をすることはありません。

ところが、一般的には「連絡・報告会」や「説明会」、そして「参加者の意見を聞く場」のことも会議と呼んでいます。実際に話し合うという行為をするのはレベル4とレベル5だけ、レベル1からレベル3は話し合いには該当しません。

レベル1の「連絡・報告会」は、まさに、ただ単に連絡・報告を受けるだけの場です。

ここで出る質問は、意見ではなく、あくまでも連絡報告事項の内容を確認するためのもので、話し合いではありません。

レベル2の「説明会（理解を求める場）」は、主催者の「やりたいこと」を参加者に理解してもらうための場です。

説明会では、参加者が意見を言っても主催者が主催者の「やりたいこと」を変えることは基本的にありません。実は、この主催者の「やりたいこと」は既に決まっていて、変わることがないということが「説明会（理解を求める場）」で修羅場を生みやすい根本的な原因なのです。

つまり、説明会とは本来その開催の目的から「修羅場」を生みやすいもので、どんなに話し合いのスキルを活用しても、「理解してもらう場」ということが目的のために、揉めやすいと言えます。

説明会でも、説明の後に参加者からの質問を受けますが、それは説明の内容を理解してもらうことが目的です。質問を受けて、それをもとにより良いものを作るために聞いているわけではありません。

そのために、参加者からはいくら意見を言っても変わらないという不満が生まれ、修羅場を生みやすくなるのです。

そこが、レベル3「参加者の意見を聞く場」やレベル4「意見を言い合う場（会議）」やレベル5「思いを語り合う場（対話）」と全く違うところです。

レベル3の「参加者の意見を聞く場」は、極めて会議と似ているように感じますが、これも主催者と参加者が話し合うわけではありません。説明会や「参加者の意見を聞く場」で必ず出る「皆さん、今日は忌憚（きたん）のないご意見をお願いします」という進行役のセリフが表しているように、基本的には参加者の意見を聞くだけの場です。

ただ、ここでは主催者が何かを「こうします」と決めている訳ではないために、参加者は「説明会」よりも、ピリピリとした雰囲気にならないわけです。

そして、レベル4「意見を言い合う場（会議）」やレベル5「思いを語り合う場（対話）」は、基本的な姿勢が「話し合って、これからいいものをつくっていこう」ということですから、説明会よりも参加者はピリピリしません。

つまり、この説明からも分かるように、レベル2の「説明会」は、レベル5の対話の場である「座談会」より修羅場が起きやすいのです。実際に、私の経験では、説明会の90％は修羅場をつくって終わります。逆に修羅場にならない説明会は参加者が「何を言ってもしかたない」とあきらめていることが多く、どちらにしても、説明会が前向きな場とはなっていません。

既存の説明会の実態

それでは、今までの説明会の実態を考えてみます。

一般的な説明会は、初めに主催者が説明をして、その後に「では、質疑応答に入ります」と言って、参加者から質問を受け、それに答えていきます。

この「参加者から質問を受けてそれに答えていく」行為が、実は修羅場を生んでいます。


個人からの質問を受けて、その個人に答えていくことは、とても大切なように見えますが、主催者が個人の質問に誠実に答えるという行為は、見方を変えると主催者が「質問者に喧嘩を売っている」ことと同じなのです。


多くの場合、主催者は質問されたことに答えることができます。主催者としては、それは当然だと思うかもしれませんが、実はそれは、質問をした人の「鼻を折る行為」なのです。そこに注意してください。

質問に的確に答えることは「あなたが質問したようなことは、私たちは既に考えていることです」と言っているのと同じです。

主催者は「質問に分かりやすく答えることが大事」と考えがちですが、どんなに分かりやすく説明しても、質問した人のほとんどが「なるほどそうですね」と納得しないのは、そういう理由です。


それではどうしたらいいのでしょうか？

まず、初めに説明するところは同じですが、その後、参加者から質問を受けるのではなく、

「説明を聞いて思ったことを参加者同士で自由に語り合う対話の場」

をもつことがコツです。

説明の後を「質疑応答」ではなく「対話の場」にするだけで、場の雰囲気が全く変わってきます。


この時の「対話の場」のつくり方は、ＭＦＡ型座談会の簡易版と言えます。付箋に説明を聞いて思ったことを書き出し、それをみんなで共有します。絞り込んで投票するころまではやりません。

これを「ワークショップ型説明会」と言います。

「ワークショップ型説明会」で、大切なコツは、

「各グループが説明に対する質問を二つに絞る」

ことです。

先ほども言いましたが、説明会が修羅場になるのは個人の質問を受けて個人に答えていくからです。

そうではなくて、「質問事項はグループで考えて、グループの質問として発表をしてもらい、主催者はグループの質問に答えていく」という形をとります。

こうするだけで対立的な雰囲気は劇的に小さくなります。


説明会でも、「場の雰囲気」が最も大切です。「MFA型座談会」と全く同じ要領で雰囲気づくりをしてください。説明会だから少しくらいはいいだろうという考えはだめです。

一般的な説明会のような講義形式でやると修羅場が生まれてしまいますから、説明会においてもグループをつくり「みんなで語り合うんだ、みんなで考えるんだ」という雰囲気をつくっておくことが大切です。


次の写真を見てください。

<既存の説明会の会場>

■机が講義形式で並べてある
■役員と参加者の間に壁がある
■会場が殺風景

このように講義形式で机が並べてあると、役員さんと参加者の間に「溝」ができます。これが対立を生みます。説明会では講義形式で机を並べるという常識を壊してください。

次の写真がワークショップ型説明会の会場の様子です。

<ワークショップ型説明会の会場>

■グループ形式で机が並べてある
■役員と参加者がまじって座っている
■会場が明るい雰囲気に飾ってある

机はグループ形式になっています。

そして、前面には、担当の職員が2人くらい座るだけで、あとの職員さんたちは、全員、グループに入って参加者と同じテーブルに座ります。

説明をする職員もグループに入るようにしておいて、説明する時だけ前に出るようにします。

そして、説明会で最も大事なことは、説明の仕方です。

これはファシリテーションとは関係ないのですが、説明する人が分かりやすく、楽しい雰囲気で説明することで説明会の雰囲気が変わります。

一般的には、説明する人は練習をほとんどせず、ぶっつけ本番で説明をします。このように事務的な説明をしていては参加者の心を動かすことはできません。気持ちを込めて分かりやすく説明できるように、何回も何回も事前に練習してから本番に臨むことが大切です。

【ワークショップ型説明会の進め方の例】　＊90分バージョン

＊司会は明るい雰囲気でアナウンスするようにする。暗い話し方はだめ

■アイスブレイクの問題は、農業に関する問題とか地域に関する問題で、あまり重たいテーマではないものを４択クイズにして用意するといい。10分

■自己紹介（近況報告）は必ずやる。５分

＜説明＞　　＊説明は15～20分くらいでまとめるのがいい。

＊説明者は自分の言葉で語れるようにきちんと練習をしておく。

＜対話の場＞

■書き出しタイム

青の付箋に「いいなあと思うこと」、

ピンクの付箋に「気になること」と「質問」を書いてもらう。10分

■付箋に書き出されたものを共有する。15分

＊この時、グループで二つの質問に絞っておくように指示する。

■グループでどんな思いが出たかを全体にグループの代表が発表する。

その時に、グループでまとめた二つの質問も発表する。10分

■質問はホワイトボードに書いて、全グループの質問が書き出されてから、主催者が順番に答えていく。10分

■最後は主催者が、これからの活動に対する明るい思いを簡単に語るようにする。

■プレゼント大会　５分

■アンケートを書いてもらう。５分

7　未来の集落をつくる「対話＋まちづくり」のスキル

私たちは農業の専門家ではありません。会議の専門家として、その話し合いのスキルを生かして「対話によるまちづくりの活動」を全国で実践している者です。

全国でまちづくりを実践し、見てきた者として、「まちづくりの視点」を農業に取り入れることは、農業の抱えているさまざまな課題を解決するための大きな力になると感じています。

なぜならば、まちづくりは、「課題解決の活動」だからです。

まちづくりの現場には

・環境の問題に取り組んでいる人
・防災の問題に取り組んでいる人
・健康・福祉の問題に取り組んでいる人
・子育て・教育の問題に取り組んでいる人
・人権の問題に取り組んでいる人

など、それぞれの分野で課題に取り組んでいる人がいます。それが「まちづくり」です。

つまり、まちづくりのノウハウは「課題解決のノウハウの塊」なのです。

私たちは多くのまちづくりを見てきて、まちづくりにおける課題解決のノウハウは、農業分野においてもそのまま使えると感じています。

そこで、まちづくりの最新の考え方を紹介し、それが農業の課題解決にどのように具体的に活用できるかということをお話ししたいと思います。

まちづくりの最新の三つの視点

まちづくりの最新の考え方には三つの視点があります。

・一つ目が「対話」
・二つ目が「協働」

・三つ目が「女性・若者」

というキーワードです。

この三つの視点により、なかなか解決できなかった課題を解決していこうというのが、今のまちづくりの最新の考え方で、これはそっくり農業にも当てはまります。

【最新の考え方① 会議から「対話の場」へ】

これからは堅苦しい既存の「会議」ではなく、自由に語り合える「対話の場」だ、というのがまちづくりの最新の考え方です。

この「対話の場」については、本書やスキルマスター研修でも詳しく説明しています。

「会議」ではなく「対話の場」が大切です。ただ、残念なことに「会議」と「対話の場」の違いは、本を読んでもなかなか実感することができません。なぜなら、ほとんどの人が「対話の場」を体験したことがないからです。

したがって、「対話の場」に関してはスキルマスター研修を受けてもらいたいと思います。スキルマスター研修で実際の「対話の場」を体験してもらうことは必須だと考えています。

実は、会議の専門家でさえ、「会議」と「対話の場」の違いについて、きちんと説明することができないのが現状です。

説明ができたとしても「長い説明」だったり「難しい説明」だったりで、現場の人間が役に立つような説明はほとんどないのが実態です。

そこで、会議ファシリテーター普及協会（MFA）は、自分たちなりに定義しました。

■会議とは、「意見を言い合う場」
■対話とは、「思いを語り合う場」

さらに噛み砕いて言うと、

■会議とは、根拠がある意見を出し合って話し合う場
■対話とは、根拠はなくても、「なんとなくそう思う」だけでも構わないので思いを語り合う場

となります。

このように整理してみると、「会議」とは「欧米型」であり、「対話の場」とは「日本型」だということが分かります。

会議の場は「根拠」を持って話し合う必要があるので、既に説明しているように、どうしても堅苦しい雰囲気になります。

対話の場は、「なんとなくそう思う」が許されるので、ワイワイガヤガヤと楽しい雰囲気で自由に語り合える場になるわけです。

「会議の場」も「対話の場」もどちらも大切で、目的や現場によって使い分けることが大切です。

少なくともまちづくりや農業の座談会では、対話の場が向いています。

【最新の考え方②「自分たちで」から「協働」へ】

全国の市町村に行きわたっているまちづくりの最新の考え方は、「協働によるまちづくり」です。

全国の市町村のまちづくりの根幹を示している「総合計画」の中には、ほぼ100％「協働によるまちづくり」について書かれています。

皆さんは、まちづくりというと「地域のことは地域でやる（地域の自立）」という考え方が最先端の考え方だと理解している人が多いと思います。

しかし、今、まちづくりの世界では
「自分たちでやる」
「関係者だけでやる」
「地域のことは地域でやる」
ことに限界を感じています。

そこで現れたのが「協働」という発想です。

協働とは簡単に言うと
「いろいろな人たちと一緒にやる」
ことです。

いろいろな人と一緒にやることで、自分たちだけでは解決できなかったことを解決していこうということです。

例えば、商店街の活性化について考える時、今までは商店街の商店主が集まって「どうしたらいいか？」と考えていました。ところが、いくらそうやって商店主が集まって話し合ってもなかなか良い考えが出ません。

そこで、協働の発想で、話し合いの場を「商店主が半分、残りの半分は地域の人」をメンバーにして、商店街の活性化について話し合うようになってきました。

これが協働で行う対話の場です。

つまり、協働とは
「関係者だけでなく、関係者以外の人も一緒になって取り組んでいくこと」です。

農業についても、農家の人たちだけが集まってこれからの農業について語り合うのではなく、地域の人たちと一緒になって、地域の農業について語り合うことが重要です。

この「協働」の考え方は、これからの地域の未来や農業の未来を考えていく上で、最も大切な考え方の一つだと言えます。

そして、この「協働」という考え方を象徴しているのが、「はじめに」でも書きました「地域に開かれた……」という言い方です。今、いろいろな分野でまちづくりに関わっていこうという動きがあり、その時のキーワードが「地域に開かれた……」です。

・地域に開かれた学校

・地域に開かれた企業
・地域に開かれた病院
・地域に開かれた自治会

このように、どの分野でもこれからのキーワードは「地域に開かれた」です。

農業も同じです。

「地域に開かれた農業を目指す」

これが、これからの未来の農業を考えていく上でのキャッチコピーです。

「地域に開かれた農業」に沿って考えると、理想的な座談会とは「農家の人たちが集まって考える場」ではなく「農家の人は半分、残りの半分は地域の人」と農家以外の人も一緒に考えていく場です。

この「協働」の発想こそ、「地域に開かれた農業」という考え方であり、これからの農業の課題を解決していく大きな視点と言えるのです。

【最新の考え方③　女性・若者の活躍へ】

三つ目が女性・若者の活躍です。

まちづくりにおいて一番叫ばれているのが

「若者と女性にもっとまちづくりに関わってもらうことが必要だ」

ということです。

これは日本全国、まちづくりに取り組むすべての場所で言われています。

今まで、まちづくりを担ってきたのは「地域の年配の男性」であることがほとんどでした。

しかし、それではさまざまな地域の課題を解決していくことが難しく、もっと女性や若者の参加を促そうという流れになっているのです。このような状況は、農業の世界でも全く同じです。

私たちが全国の農業関係の方と接して感じるのは「女性農業委員は、とてもパワフルだ」ということです。

この女性の委員さんたちの明るいパワーを農業

の世界でもっともっと生かすことができれば、農業の現場は変わっていく、そう感じています。

「未来の農業をどうしようか?」という課題を今までと同じようなメンバーで話し合うのではなく、女性や若者を交えて話し合っていくことで、新しいアイデアや新しい行動が生み出されていくのです。

そして、まちづくりの一端を担う私たちの実感として思うことは、

「子育て関係の活動をしているママさんたちは、農業にとても興味を持っている人が多い」

ということです。

私は、子育てに関わるママさんたちは農業について最高の理解者になってくれると感じています。

そして、女性や若者を引き入れるに当たって、最も大切なことは、「楽しさ」です。

「まじめにきちんと一生懸命やる」ことはとても大切ですが、そこに「遊び心」を入れて、どうせやるなら楽しくやっていこうという雰囲気をつくらなければ、若者や子育てママさんたちはなかなか参加してくれません。

地域の人を巻き込むために、「農業体験」や「農業祭り」を企画することがよくあります。それ自体はとても良いことなのですが、どうしても地域の人は「受け身」で参加しています。

そのため、「農業体験」のような催しに加えて、「農業について一緒に語り合う」場を持つことで、主体的に関わってもらうようにします。

ＭＦＡ型の「楽しい対話の場」で、地域の農業について農家の人と地域の若者・女性が一緒に「楽しく」語り合い、「農業について語り合うって、とても楽しい」という体験をしてもらうのです。

このように「農業について語り合うことの楽しさ」を知る人を増やしていくことが、地域に開かれた農業の土台をつくっていくのです。

【中山間地の取り組み】

これからの農業を考えていく上で、全国どこでも問題となっているのが「中山間地での農業」です。

皆さんもお気づきのように、中山間地の問題は単に農業だけの問題ではありません。限界集落となった村をどうしたらいいかという、まさに「まちづくりの問題」です。

したがって、中山間地の農業の問題をまちづくりの視点から考えていく必要があります。

それでは、中山間地の問題を「まちづくりの最新の三つの視点」で考えるとどうなるかを説明していきます。

まず、特に大事なのが「協働」の視点です。

「協働」の視点を知らない人たちが中山間地のまちづくりをしようとして話し合いの場を持つと、地域の高齢者を集めて「この地域の10年後について語り合いましょう」というテーマを出してしまいます。

すると、参加者の高齢者の中から「私は10年後には、もう生きてないいんだけどな……」というつぶやきが聞こえてきたりします。

これは、中山間地の問題を皆で語り合うということを企画した行政職員が「協働」を知らないために起きたことです。

この職員は「まちづくりは、地域のことは地域でやっていくという発想」で話し合いの場を設定してしまい、地域の高齢者だけを集めてしまったのです。

一方で、私たちが中山間地の活性化について語り合う場を設けた時には「地域の高齢者は半分、残り半分はその地域に興味のある人やその地域の周りの人」に集まってもらい話し合うようにしました。これが「協働の発想」です。

もちろん、そこでの話し合いは「会議」ではなく「対話の場」です。

繰り返しになりますが、村の未来を語り合う場が、堅苦しい雰囲気の会議では明るく前向きな意見は出ません。

明るく前向きな雰囲気のＭＦＡ型座談会で、いろいろな人たちがワイワイガヤガヤとその村について語り合うことが大切なのです。


そして、この座談会でも女性が大活躍しました。「特産の栃の実を使った饅頭を作ろう」というアイデアが出たのですが、なんと次の座談会で、地域のおばあさん達が栃の実の饅頭を実際に作ってきて参加者に配ったのです。これには参加者一同、驚きました。「後は、この饅頭を駅で売るだけだなあ」と盛り上がりました。女性のパワーを見せつけられた瞬間でした。


中山間地の問題も「対話の場」「協働」「女性・若者」という視点を持つだけで変わります。

ちなみに、「栃の実の饅頭を作ろう」というアイデアを出したのは、その村以外の人でした。こういうことが起きるのが「協働」の威力と言えます。

【 農業ファシリテーター 】

このように、これからの農業において「地域に開かれた農業」という考え方は大切です。つまり、「まちづくりのスキル」が大切だということです。

そこで、会議ファシリテーター普及協会では、まちづくりのスキルを身につけていくために「農業ファシリテーター認定研修」を実施しています。「農業ファシリテーター」とは「対話のスキル」と「まちづくりのスキル」の両方を学んだ人材のことを言います。

「対話のスキル」には、現在、全国農業会議所が進めている「スキルマスター研修」があります。この研修を受けることで、既存の、一部の人しか発言しない座談会から「参加者が全員発言するＭＦＡ型座談会」を開催できるスキルを学ぶことができます。これが対話の場のスキルです。

農業ファシリテーター認定研修は、そのステップアップ研修として位置付けていて、スキルアップ研修では学べない「まちづくりのスキル」も学んでいこうというものです。そして、「対話のスキル」と「まちづくりのスキル」の両方を学んだ人を「農業ファシリテーター」として認定していく研修です。

せっかく「スキルマスター研修」で対話の場のスキルを学んでも、「地域計画」を作り終えれば、MFA型座談会はおしまい、ではもったいないです。

プランができた後も、MFA型座談会で、地域の未来の農業について「まちづくりのスキル」を生かしながら話し合うことが大切です。

その際に、まちづくりのスキルも学んだ「農業ファシリテーター」に活躍してほしいと思います。特に、農業委員会の職員や県や市町村の担当の職員にとって「まちづくりのスキル」は必須です。まず職員が「対話の場」と「まちづくり」のスキルを学び、農業ファシリテーターとなっていかないと、現場の農家の人たちと一緒に考えていくことはできないからです。

二つの研修の違いについて、分かりやすく表にしましたので、こちらもご覧ください。

二つの研修の比較表

（スキルマスター研修と農業ファシリテーター認定研修）

	スキルマスター研修 （全３回）	農業ファシリテーター認定研修 （全５回）
目的	**話し合い**のスキルを学ぶ。	**話し合い＋まちづくり**のスキルを学ぶ。
目的の説明	「地域計画策定のための座談会」の進め方について学ぶ。	**地域の未来を創っていくための「まちづくりのスキル」も学ぶ。** （例　中山間地の活性化など）
参加資格	誰でも参加可能。	**原則はスキルマスター研修を既に受講した人が対象。** ＊場合によってはスキルマスター研修を受講していなくても構わないが、後日スキルマスター研修を受講することが望ましい。
特徴	思い切り楽しい雰囲気でやる。	思い切り楽しい雰囲気でやる。 ＊原則はスキルマスター研修を既に受講した人が参加者なので、ＭＦＡの研修の楽しさを知っているために研修はかなり盛り上がる。
参加者の集め方	・初めに農業関係の職員（農業会議や農業委員会事務局職員、農政課の職員、県の担当職員等）が受講し、その後、農業委員・推進委員が受講するという順番が望ましい。 ・「**女性の農業委員・推進委員**」が一緒になって参加すると、研修効果は2倍になる。 ・農業ファシリテーター認定研修は、「まちづくりのスキルを学ぶ」ので、農業関係者以外の地域でまちづくりを頑張っている人やＮＰＯの人に参加してもらうと、まさに「**地域に開かれた農業**」**を研修で体験**できる。 ＊特に、地域の「**子育てママさんのグループ**」に声をかけて参加してもらうと良い。	
認定制度	認定制度はない。	認定制度がある。 ＊規定の研修を受けた人を「**○○県農業ファシリテーター**」として認定する。
研修後	各地で座談会を開催する。 ＊「**地域計画策定**」のための座談会を運営。	各地で座談会を開催する。 ＊**未来の農業について語り合う座談会。**

組織変革のコツ

組織を変革するには、どのようにすればいいのかは、歴史をみると分かります。それは、「新しい知識を学び、その知識を生かして変革していく」ことです。「未来」について考えても、未来への変革はできません。既存の古い概念や考え方の人が集まって、

例えば、膨大な借金があった貧しい田舎の藩だった佐賀藩を、財政的に復活させ、明治維新の影の立役者になった佐賀藩の名君「鍋島直正」。

彼が藩政改革のために打ち上げたのが、徹底して「最新の知識を学び、それを藩政改革に生かしていく」ということでした。

彼は弘道館という藩の学びの場で、西洋の最先端の武器の技術を学ばせ、蒸気機関を学ばせ、日本で初めて蒸気機関車や蒸気で動く船を作らせました。そして、彼が日本で初めて作った大砲によって海外から侵入してくる外国から、日本を守ることに大きな力を発揮したのです。

農業の現場を変えていく場合、この鍋島直正の考え方が大いに参考になります。

つまり農業の場合「対話のスキル」や「まちづくりのスキル」を学ぶことは、最新の考え方やスキルを学ぶということです。

同時期、長州（山口県）の吉田松陰の松下村塾の塾生も、学んだことを生かして、日本を変えていきました。明治維新の志士たちのように、農業ファシリテーターの人たちも「新しい農業を創っていく志士」と言えるのです。

ちなみに、佐賀県農業会議で実施した「農業ファシリテーター認定研修」は、別名「農業版弘道館」と呼び、学ぶだけでなく、実践していくことに重点を置いて開催しました。

したがって、農業ファシリテーター認定研修は、「学ぶだけでなく、行動も」ということで、「研修」というより「塾」と呼んだほうが似合っていると思っています。

参考１　筆者紹介

【講師】

一般社団法人 会議ファシリテーター普及協会
代表 釘山健一　　副代表 小野寺郷子

【講師実績】

★講演・研修の実績
約１０００回以上
★対話の場の実績
約３００回以上

＊二人でおこなう「漫才研修」参加者を飽きさせません。

【著書】

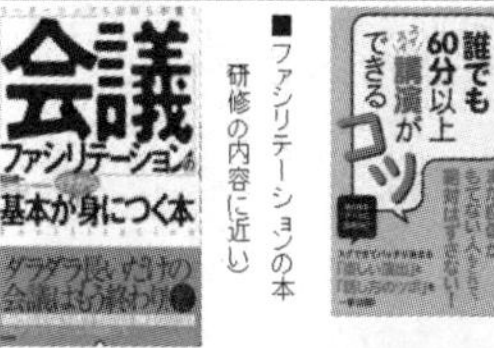

■ファシリテーションの本
研修の内容に近い

■講師のテクニックの本
（教え方のテクニック）

うちとけの法則

■コミュニケーションの本
（人とうちとける極意）

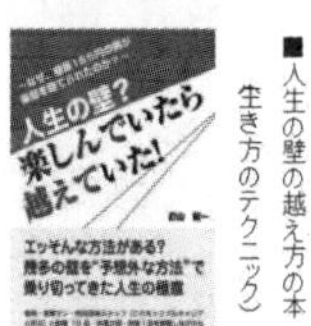

■人生の壁の越え方の本
（生き方のテクニック）

＜まちづくり関係の研修＞

稚内市　青森市　弘前市　八戸市　仙台市
新潟市 山形市　福島市　郡山市　茨城県内
群馬県内　埼玉県　栃木県内　千葉県　静岡県内
名古屋市　郡上市　岐阜市　川辺町　白川町
金沢市　福井市　富山市　京都府　大阪府　岡山市
倉敷市　鳥取市　高知市　香川県　徳島県　小倉市
福岡市　佐賀市　　長崎市　鹿児島　宮崎市
大分市　沖縄県　石垣市 愛知県　岡崎市　豊橋市
豊川市　安城市　半田市　　豊田市　北名古屋市
新城市　松阪市　亀山市 伊勢市　志摩市　三重県
浜松市　他多数

＜農業関係の研修＞

青森県　長野県　福井県　福島県
埼玉県　栃木県　山形県　愛媛県
香川県　福岡県　大分県　玖珠町
九重町　長崎県　愛知県　佐賀県
沖縄県　郡上市　寒河江市　松浦市
東郷町　上都賀町　田原市　竹田市
御殿場市　蒲郡市
東京（全国農業会議所）
その他

【地域計画策定のための２つの研修例】

研修には大きく２つの種類がある。

- **■「全員発言する座談会のスキル研修」**
- **■「地域計画の創り方スキル研修」**

　＊座談会で語り合われたことをもとに、地域計画を策定していく研修。

■１回目：全員発言の**座談会のスキル**研修（基本編）

←全員発言の理論・事例＋「将来像」の座談会の体験

■２回目：全員発言の**座談会のスキル**研修（実践編）

←雰囲気づくりコツ＋スタッフの役割分担
＋全体進行の仕事＋補助ファシリテーターの仕事
＋参加者の集め方の極意

■３回目：地域計画の**創り方**のスキル研修（基本編）

←「期限内」に「地域主導」で創る考え方と方法＝

＝これは主に職員向け＝

全員発言の**座談会のスキル**研修

みんなで創る地域計画

地域計画策定のための
スキルマスター研修（全３回）

～全員発言の座談会で地域計画を策定するコツ～

一部の人しか発言しない座談会はもうこりごり。「地域計画」のための座談会は、参加者が全員発言できる"明るく前向きな雰囲気"の座談会にしたいですね。今回の研修では、そのための最新の会議のスキルを実際に"実践できるまで"学びます。
このスキルは、今後の地域での話し合いを運営していくための必須スキルといえます。

～全国の農業会議、農業関係職員、農業委員・推進員からひっぱりだこの研修が愛知県で開催～

日本一楽しい研修と大評判！

↑全員発言している座談会の様子

＊研修といっても堅苦しい既存の研修とは全く違い楽しさの中で学んでいきます。

開催概要

◆**時間：** 毎回１０時～16時
◆**場所**
１回目：ウィルあいち
３階 会議室４
◆**募集人数** ４０名程度
◆**対象**
農業委員会職員等、
地域計画策定に関わる市町村職員

日程

１回目：５月２９日
２回目：６月１６日
３回目：７月７日
４回目：７月３１日

講師 PROFILE

一般社団法人
会議ファシリテーター普及協会

←釘山健一（代表理事）

←小野寺郷子（副代表理事）

＊行政・企業・農業関係の研修は**１０００回以上の実績！**

◆**主催・問い合わせ：** 愛知県農業会議（農地利用最適化推進室長　大西）
電話 052-962-2841　Mail:oonishi@nougyoukaigi.or.jp

地域計画の**創り方**のスキル研修

地域計画を「期限内」に策定する極意

＝地域主体で作成する８つのポイント＝

地域計画策定研修会（全1回）

地域計画の策定をするときに、行政職員が苦労して頑張っても地域が動かいことが多々ある。その原因は**「行政主導」**で策定しようとしていることが多い。**「地域主導」**で創っていくことこそ、地域計画を真に意味のあるものとし、しかも「期限内」に策定するコツだ。この研修では、「全発言の座談会」のプロ で「地域主導」で数々の計画を策定してきた実績がある、会議ファシリテーター普及協会の釘山健一氏を講師として、その**極意を具体的**に学びます。

目からウロコの内容が連発！

2023.9.8 金

AM10:30~PM4:00

域計画策定の講師として全国から引っ張りだこの釘山氏は、今までの研修・講演の実績約１０００回。しかも、豊富な現場体験からの超具体的に話をすることで大好評！

全国農業会議所出版の**講師の著書**

■参加費：無料
■定　員：３０名
■場　所:サンドーム福井 小ホール

【講師】
一般社団法人
会議ファシリテーター普及協
代表理事

主催：問い合わせ

（一社）福井県農業会議
電話　0776-21-8234
Ｍａｉｌinfo@f-kaiga.jp

<参加者の声>
・目からうろこの話が連発。本当に中身が濃かった。
・とても実践的な内容を講師のテクニックで全くあきることなく１日が過ぎた。

参考3　各地で実施した研修

農業ファシリテーター研修

アンコールにお答えして
今年もやります！

女性農業委員・女性農地利用最適化推進委員の皆様へ

農業委員会関係者ならどなたでも参加できます（原則5回参加）

農業ファシリテーター養成研修会

開催決定！

「ファシリテーター」とは？

「会議の議長」のこと。

この研修会では、「参加者の主体性を引き出す進行役」や「楽しい会議の進行役」と定義しています。

話し合いの中で、参加者のやる気を引き出すようなスキルをもった進行役」を目指します。

「農業ファシリテーター」とは？

「地域に開かれた農業の推進を担う人」のこと。

農業の課題は農業者だけでの解決は難しく、また、地域の課題も地域だけでは解決が難しくなってきています。

「農業者」と「地域住民」が一緒になって、「課題」について話し合っていくために、ファシリテーターの「対話のスキル」だけでなく、「まちづくりのスキル」も身に着けた人のことを「農業ファシリテーター」といいます。

市町村は令和２年度までに、人・農地プランを実質化する必要があります！
地域の将来を考える話合い活動を「合意形成型話し合い方式」でやってみませんか？

テーマは？「地域に開かれた農業」！

開催日程（全5回）
10:00～16:00

第1回　1月19日　山形市（自治会館）

第2回　2月 2日　山形市（自治会館）

第3回　2月16日　山形市（産業創造支援センター）〃

第4回　3月 2日　山形市（自治会館）

第5回　3月19日　山形市（自治会館）

参加申込方法については、改めて農業委員会へご案内をお送り致します。

※山形県農業会議では、「やまがた地域の農地を活かし、担い手を応援する全国運動」～れいわスタートダッシュ～の活動として、研修会を開催しています。

※本研修会は、新型コロナウイルス感染症対策を十分に行ったうえで開催いたします。なお、新型コロナウイルス感染症の影響により日程が変更になる場合がございます。

農業ファシリテーター研修

～農業ファシリテーター養成研修会のこれまで～

★前回の開催内容

1回目「地域に開かれた農業のスキル」
2回目「MFAメソッドのスキル　(初級編)」
3回目「対話による協働のまちづくり」
4回目「MFAメソッドのスキル(実践編)」
5回目「対話型説明会の極意」

参加者のうち、9名が全国初の農業ファシリテーター(初級)として認定される

研修会で学んだスキルを活かして！

鮭川村は、令和2年度中の実質化を目指し「地域の話合い」(実質化)に取り組みます。

飯豊町は、既に実質化していますが、「今後の地域のために話し合い」(実行)を進めていく予定です。

全国農業新聞 9月25日発行　第3162号 記事

全国初の「農業ファシリテーター」誕生
山形の9人

【山形】山形県農業会議は8日、(一社)会議ファシリテーター普及協会から講師を迎え、山形市内で「農業ファシリテーター養成研修会(初級)」を開いた。

5回コースの最終回となる今回は、農業委員や農地利用最適化推進委員、事務局職員など14人が参加。農業ファシリテーターとは、地域に開かれた農業づくりを担う人材のこと。地域の話し合いに有効な対話だけでなく、まちづくりのスキルを学んだ。

研修終了後、同協会より全5回に参加した9人に「農業ファシリテーター(初級)」の認定証が交付された=写真。農業ファシリテーターの認定は全国で初めて。

農業会議では「やまがた農業ファシリテーター研究会」を発足し、人・農地プランの実質化やプランの実行に向けた話し合いが円滑に進むよう引き続き支援していくこととしている。

やまがたの人・農地プラン「実質化」そして「実行」へ・・・・

このような明るく前向きな雰囲気で、地域の農業の未来について、
「話し合い活動」をしてみませんか？

前回の農業ファシリテーター養成研修会については、
山形県農業会議HPの「れいわスタートダッシュ」のページに掲載しています！
http://www.yca.or.jp/

中山間地活性化の極意研修

まちづくりの視点からの
中山間地の活性化の極意セミナー（全３回）

大分県で初めての開催

今まで「中山間地の問題」は、農業の視点でしか語られてきませんでした。しかし、中山間地においては、**農業の課題は「地域の課題」**でもあります。つまり、農業の課題を考えるとき、地域の「まちづくりの視点」「まちづくりのスキル」が必要ということです。

今回のセミナーは、「中山間地の活性化の取組」を**「まちづくり」の視点から学ぶという今までになかった画期的なセミナー**となっています。

【日時・会場】
■１回目　１月１１日
　＊会場・・・・
■２回目　２月８日
　＊会場・・・
■３回目　３月８日
　＊会場・・・

講師２人の漫才研修。中身が濃いだけでなく、楽しさ満載です

【３回の内容】
■１回目：まちづくりの基本的スキル
■２回目：まちづくりにおける課題解決の極意
■３回目：中山間地の活性化の極意
＊内容は、場合により変更になる場合がります。

【講師】
一般社団法人
会議ファシリテーター普及協会
代表　釘山健一
副代表　小野寺郷子

目からのウロコの話が満載です！
お楽しみに～。

【主催】
大分県農業会議
【問い合わせ先】
○○○○○○○○○○○

＊日本各地の「対話によるまちづくり」に関わってきており、「対話によるまちづくりの達人」と呼ばれている。研修実績は約１０００回をほこる。

［参考資料］全国農業新聞「農業委員会ネットワーク通信
大分県九重町・玖珠町」2023年1月13日

町の枠超え地域活性化へ合同で
「話し合い」の進め方を研修

大分　九重町農業委員会　玖珠町農業委員会

県西部に位置し、隣接する九重町と玖珠町は県内でも有数の温泉地で雄大な山々を望む自然豊かな地域だ。両町ではこれまでも「人・農地プラン」の実質化に向け、それぞれ取り組んできたが、今般の農業経営基盤強化促進法等の改正を踏まえて、互いが地域活性化をめざし、町の枠を超えた合同研修を行った。

円滑に地域計画策定へ
実践的な研修でスキルアップ

九重町農業委員会（手島政弘会長）と玖珠町農業委員会（安藤慎八会長）は、昨年10月から12月にかけ、全3回の合同研修を行った。2023年度に地域農業の将来像・未来設計図を描く「人・農地プラン」が「地域計画」として法定化されることを受けてのもの。地域の話し合いによる合意形成がこれまで以上に重要となると考え、両委員会が合同で「農業・農村の活性化＝まちづくりに向けた話し合いスキルマスター研修会」として実施した。農業委員および農地利用最適化推進委員をはじめ、農政担当職員やまちづくり担当職員、集落支援員などのほか、県振興局職員を含む30人以上が参加。活気のある盛況な研修会となった。

模擬座談会で出たアイデアをグループごとに発表

講師は、（一社）会議ファシリテーター普及協会の釘山健一代表と小野寺郷子副代表。

研修は、ファシリテーションとは何か、から始まり、座談会などで参加者全員が発言できる方法や実際に地図を使った模擬座談会を開催しての合意形成方法など、一つ一つのスキルの必要性を学んだ。

研修の最終目標は「地域計画」の策定につなげていくこと。そのためには地域全体としての農業・農村を考えることが重要なことから、「まちづくり」の視点を取り入れた研修をした。参加者からは「こんなに楽しくできるなら、自分の地域でもやってみたい」「今すぐ使えるスキルもたくさんあり、早速実践したい」など反響を呼び、機運が醸成された。

関係者の共通認識と体制整備がカギ

地域での話し合いにより合意形成を得た「地域計画」の作成は、企画する行政などの関係者の共通認識と体制整備が必要不可欠だ。

なぜ「地域計画」が必要とされるのか、その意味をしっかり考え、地域を守り、次代につなげていくために何ができるのか、地域の魅力・資源を再発見し、互いのアイデアを聞き合いながらできる取り組みから始めることから5年後10年後につながるという視点を持つことが大事だ。その第一歩となる話し合いの場は非常に重要となる。

この研修の最大の効果は、両町の多くの関係者が集い、交流を深めたことだ。今後、継続的に情報共有しながら、互いの良い点を見つけ切磋琢磨できる環境づくりにつながった。両町にとって大きな武器となるに違いない。

「森の米蔵」で両町関係者が一体となって研修

玖珠町の地図を使った模擬座談会を体験

農業の夢を語り合う座談会のチラシ

第２回農業ファシリテーター養成研修会

「MFAメソッドのスキル：初級編」

を開催しました！

発行：(一社)山形県農業会議
やまがたファシリテーター研究会(仮)
令和２年３月〇日 発行

農業ファシリテーターマン

山形県農業会議では、地域での話し合い活動を推進するため、合意形成型話し合い方式におけるファシリテーター（進行役）のスキルを活かし、「地域に開かれた農業」を推進する、「農業ファシリテーター」を養成していくことを目指して、農業ファシリテーター養成研修会を開催しました。

☆ファシリテーターとは？

ファシリテーターとは会議の"議長"のことをいう。ただし、今での議長とは違い最先端のスキルをもっている"新しい型の議長"のことを言う。とくに、会議ファシリテーター普及協会ではファシリテーターの定義を「参加者の主体性を引き出す進行役」とか「楽しい会議の進行役」と定義している。つまり、今までの議長のように、たんに結論を出せばいいというのではなく、結論をだす話し合いの中で、参加者のやる気を引き出すようなスキルをもった進行役のことをいう。

学んだのは？「楽しい会議のテクニック」！

農業ファシリテーター認定研修は、思い切り楽しい雰囲気の中で開催します。
＊写真は山形県農業会議で実施したものです。

補足　コロナ禍における座談会のための感染症対策マニュアル

座談会開催時の感染症対策

一般社団法人
会議ファシリテーター普及協会

現在、コロナはひと段落してきました。しかし、まだまだ油断はできません。現在でも、感染対策をたてて実施していくことが求められる場合もあります。

座談会においては、事前に参加者を把握できるということがとても大きなメリットで、対策を緻密に立てることができることが「繁華街での飲み会」と大きく違います。以下のような対策を立てることにより、極力、感染リスクを抑えて安全に開催できると考えます。

＊実際にこのマニュアルにそってセミナー等を開催していますが、やってみると感じますが、感染することはほとんどないと思いますし、受講生もそう感じていると思います。

１．換気

実は感染防止で一番大切なのが、会場の換気です。これを十分にすることで感染のリスクは大幅に減ります。したがって、会場の窓が開閉できる事を確認しておいてください。

そして、当日は定期的に窓を開け、空気の入れ替えを積極的に行うようにします。開け放しでやるのが一番いいです。

＊夏はエアコン、扇風機つけっぱなしで、窓も開ける。冬は暖房をつけっぱなしで、窓を開ける。

２．アルコール消毒の実施

参加者の皆さんが会場に入られる時、必ず手指の消毒をしてもらいます。
テーブル、椅子等は開場前に殺菌シートで拭き上げます。

＊消毒液と殺菌シートをたくさん準備しておいてください。

３．全員のマスクの着用。

４．グループ分けですが、１グループ４人でお願いします。
５人グループは作りません。

５．できれば、参加者の人数は１６人くらいが適正と思います。

＊４人×４グループ＝１６人。人数は会場の広さ等を考慮して決めてください。
＊会場設営の様子は、最後に写真が添付してあります。

6．会場はできるだけ空間をとれる広さがある会場にします。

7．体調が少しでも悪い人は無理して参加せず、欠席するように事前に連絡を徹底することが大事です。実は、これが最も大事です。

そのために「感染防止確認表」を活用します。

これは一般的には「当日、受付で記入してもらう」ことが多いですが、事前に参加者に送り、記入したものを持ってきてもらうようにすることが大事です。

そして、そこにも書いてあるように「どれか一つでも当てはまる場合は、参加をご遠慮ください」とはっきり伝えておくことが大切です。

＊「感染防止確認表」の例は、最後に添付してあります。

8．受付で検温をする

「受付で検温をします」と事前に連絡しておくことが大事です。それが事前の意識付けになります。

9．２週間以内に本人&家族で体調を崩した人がいる場合は欠席してもらう。そのために、“可能ならば”２日くらい前に、メール等でその確認をとります。

10. お茶場は密にならないように広めにつくる。飲み物は各自で持参するのでもいい。お菓子も出さないほうが安全ですが、お菓子が持つ雰囲気をつくる力は大きいので、一つ一つ個別に包装されたお菓子を用意しておくといいと思います。

11. 次のような看板を入り口に立てる。

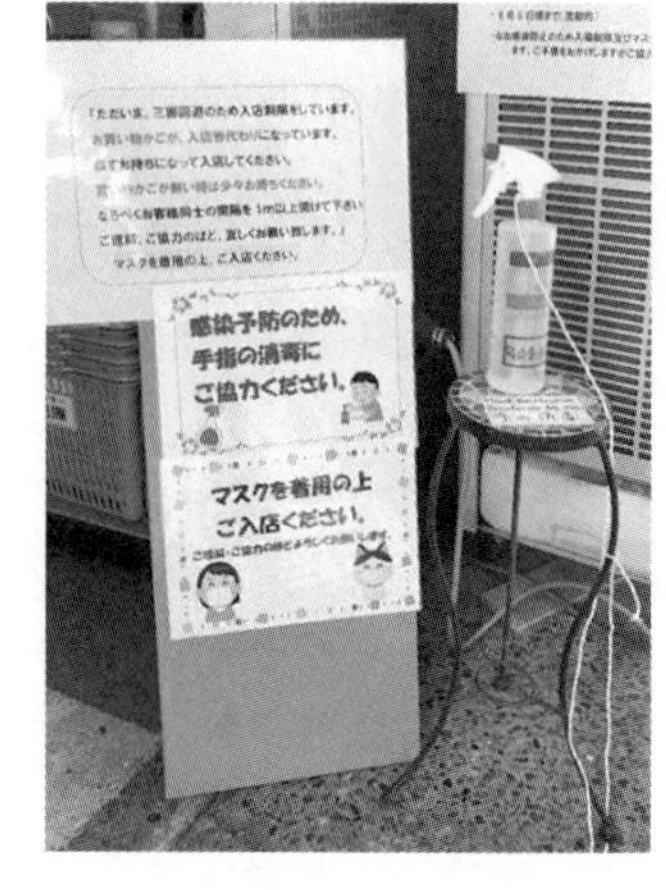

＜会場のイメージ＞
■１グループは４人までとする
■グループの人たちが対面にならないように座る
■グループとグループの間は十分に空ける
■講師と最前列の受講生の間を十分に空ける

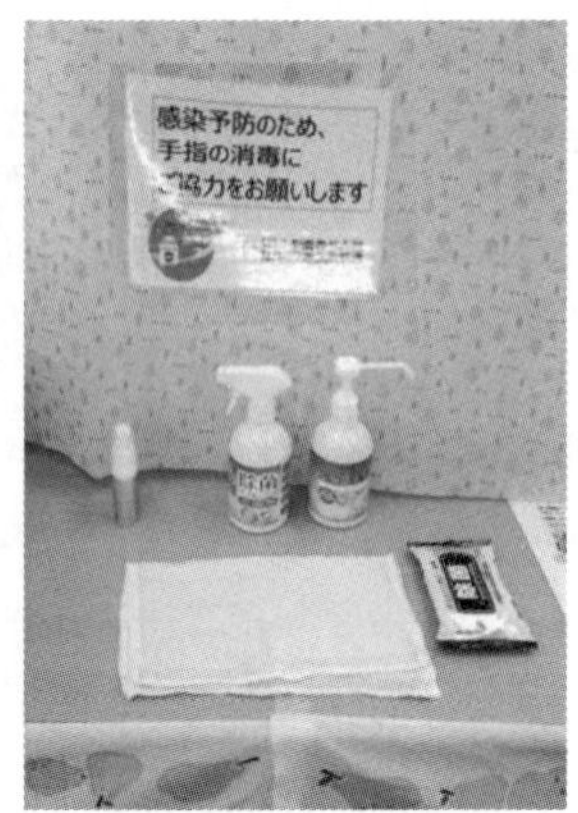
感染予防のため、
手指の消毒に
ご協力をお願いします

受付

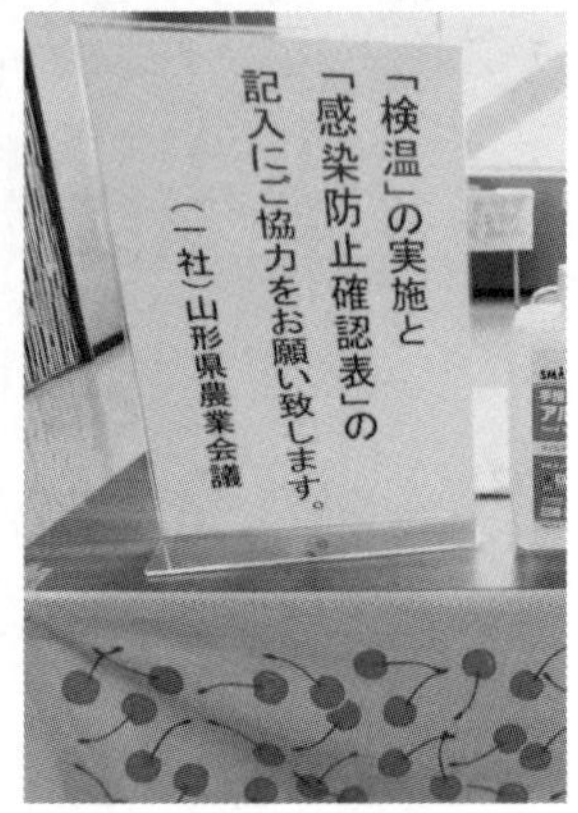
「検温」の実施と
「感染防止確認表」の
記入にご協力をお願い致します。
(一社)山形県農業会議

<会場でのお願い>
1.研修中は鼻と口を覆うようにマスクを着用すること
2.会場ではこまめな消毒を行うこと
3.共用で使用する備品については使用後、除菌シートでふき取りを行うこと
4.研修中は、ソーシャルディスタンスを意識し、他の参加者との距離を意識すること
感染予防のため、
手指の消毒に
ご協力をお願いします
(一社)山形県農業会議

【感染防止確認表の例】 ＊（一社）山形県農業会議が作ったものを参考にしています。

座談会開催のための「感染防止確認表」

氏名：＿＿＿＿＿＿＿＿＿＿＿＿＿＿＿

住所：＿＿＿＿＿＿＿＿＿＿＿＿＿＿＿

TEL：＿＿＿＿＿＿＿＿＿＿＿＿＿＿＿

新型コロナウィルス感染拡大に伴い、受付で「感染防止確認表」記入のご協力をお願い致します。

□1．ご自身や、同居者など身近な方で新型コロナウィルスの陽性者または濃厚接触者と判断された方はいない
□2．2週間以内に高熱（37.5度以上）が出ていない
□3．咳やくしゃみなど風邪の症状は続いていない
□4．強いだるさ（倦怠感）や息苦しさはない
□5．味覚・嗅覚に違和感はない
□6．身内や身近な接触者にも上記の症状はみられない
＊以上の項目に、一つでもチェックがつかない場合は、無理して参加されないようにしてください。

（会場でのお願い）
□1．研修中は鼻と口を覆うようにマスクを着用すること
□2．会場ではこまめな消毒を行うこと
□3．共用で使用する備品については使用後、除菌シートでふき取りを行うこと
□4．研修中は、ソーシャルディスタンスを意識し、他の参加者との距離を意識すること

（確認事項）
2週間以内に、ご本人またはご家族が県外への移動をされましたか？
□いいえ
□は　い　→（可能であれば、状況をお知らせください）【任意】

おわりに

日本一、笑いが起きる研修、それがMFA（会議ファシリテーター普及協会）の研修です。

現在、全国の農業会議でMFA型座談会の研修を実施していますが、研修現場は一日中、笑顔と笑いに包まれています。「こんな楽しい研修は今まで体験したことなかった」と参加者の多くの人が言ってくれます。これがMFAの研修の実態です。

そして、MFAの研修は楽しいだけではなく、伝えている中身も最先端です。「目からウロコが落ちる内容だった」ということも、アンケートにいつも書いてもらえる言葉です。それはそうです。最先端の会議の手法は、皆さんが想像もできないくらい進んでいるからです。

幕末の維新で世の中を変えた人たちは、まず「学び」ました。最新の考え方や知識を学び、それを生かして、改革を進めていったのです。農業の世界を変えようとした時、既存のいつもの人たちが、いつものように集まって話し合っても、いつものようなアイデアしか出ません。まずは最新の話し合いのやり方や課題解決の方法（まちづくりの方法）を学んでから、自分たちの地域ではそれをどのように実践するかを皆で考えて行動する方がいいのです。

MFA型座談会は「全員が発言できる対話の場」です。この最新のスキルを活用することにより、農業の世界に「楽しい対話の文化」が根付き、農業の未来が明るく輝いていくことを願っています。

令和6年8月

一般社団法人会議ファシリテーター普及協会
代表　釘山　健一
副代表　小野寺郷子

■著者紹介

釘山　健一（くぎやま・けんいち）

一般社団法人会議ファシリテーター普及協会（MFA）代表。
教師、ベンチャー企業、NPO等の経験を生かし、2006年に一般社団法人会議ファシリテーター普及協会を立ち上げる。
主な著書に「『会議ファシリテーション』の基本がイチから身につく本」（すばる舎、2008年）、「誰でも60分以上スイスイ講演ができるコツ」（すばる舎リンケージ、2010年）、「人生の壁？楽しんだら越えていた！」（ごま書房新社、2012年）、「公務員の会議ファシリテーションの教科書」（学陽書房、2021年2月）などがある。

小野寺　郷子（おのでら・さとこ）

一般社団法人会議ファシリテーター普及協会（MFA）副代表。
1988年から2年間アメリカの大学でファシリテーションや市民活動を学んだあと、日本に帰り、消費者問題、環境問題、教育問題などの多様な市民活動に関わる。現在はNPOのあり方やその中間支援活動にも取り組んでいる。

全国農業図書ブックレット26

地域の未来を描く座談会　理論編

～全員が発言する座談会が未来の地域をつくる～

令和6年8月　発行　　定価990円（本体900円＋税10%）　送料別

著者：一般社団法人会議ファシリテーター普及協会

釘山健一　小野寺郷子

メール　info@m-facili.net

発行：一般社団法人 全国農業会議所

〒102-0084 東京都千代田区二番町9－8

（中央労働基準協会ビル2階）

電話　03－6910－1131

全国農業図書コード　R06－18